人生哲学智慧六讲

张伟胜 著

ZHEJIANG UNIVERSITY PRESS
浙江大学出版社

图书在版编目(CIP)数据

人生哲学智慧六讲/张伟胜著.—杭州:浙江大学
出版社,2015.9
ISBN 978-7-308-15135-1

Ⅰ.①人… Ⅱ.①张… Ⅲ.①人生哲学—高等学
校—教材 Ⅳ.①B821

中国版本图书馆CIP数据核字(2015)第209714号

人生哲学智慧六讲

张伟胜 著

责任编辑	曾建林	
封面设计	续设计	
责任校对	田程雨	
出版发行	浙江大学出版社	
	(杭州市天目山路148号 邮政编码310007)	
	(网址:http://www.zjupress.com)	
排 版	杭州林智广告有限公司	
印 刷	杭州杭新印务有限公司	
开 本	640mm×960mm 1/16	
印 张	6.5	
字 数	79千	
版 印 次	2015年9月第1版 2015年9月第1次印刷	
书 号	ISBN 978-7-308-15135-1	
定 价	18.00元	

浙江大学出版社发行部联系方式:(0571)88925591;http://zjdxcbs.tmall.com

自　序

　　笔者在多年前曾为大学生开设过一门叫作《东方哲学智慧》的公共选修课。课程主要介绍和阐述中国传统文化中有关儒、释、道三家的一些超越时代的思想精华。开课初衷除了传承民族优秀传统文化之外，也希望能为提高大学生的人文素养发挥一点积极作用。课程开始后，受到了学生的欢迎，该课程的讲义在几经改写之后，也于 2006 年由浙江大学出版社以《传统人生哲学智慧散论》的书名公开出版。

　　后来，考虑到原课程牵涉到的历史知识和古代典籍非常多，而作为选修课的多数学生在这方面的基础与修养又相对较差，想要在非常有限的课时内，展开系统详细的有效教学确实有些困难。所以，每次课程结束以后，师生心里总是感觉意犹未尽，但又没有好办法来解决这个矛盾。鉴于此种情况，在开课数年之后，笔者主动申请停开此课，希望另外开设一门内容有些相近、集中讨论人生哲学智慧方面的新课程来代替它，以对年轻大学生形成良好的人生观和价值观提供一些启发、引导和帮助。学校对此非常赞赏与支持。于是，在经过一段时间认真准备的基础上，笔者从 2010 年开始，为本校的本科生开设了《人生哲学智慧》这门课程。几年下来，该课程的教学工作卓有成效，在修课学生中反响不错。2013 年，学校把这门课程列为校级视频公开课建设项目。2014 年,经过专家评选,该课程又被选定为浙江省高校德育精品选修课重点资助建设项目。现在,课程建设工作进展比较顺利,课程资源网络平台已经开通,与课程内容相关的教学资源正在不断地得到充实完善。作为课程建设的成果之一,现在笔者将视频公开课的讲稿,以《人生哲学智慧六讲》之名,交由浙江大学出版社公开出版,以期专家批评指正。

本书内容以"立德树人"为根本宗旨,围绕"人"与"人生"这个核心主题,主要从哲学的维度与层面,对"人的本质"、"人生理想"、"人生境遇"、"人生价值"和"人生艺术"诸方面内容,分六讲展开讨论。

需要说明的一点是,本书既非纯粹的学术专著,亦非规范的课程教材,而是一个视频公开课的讲义文本。由于视频公开课既要面向在校大学生,还要面向社会公众,所以,在设计和撰写讲课文本时,必须特别注意协调内容与形式的关系,尽量做到将相对完整的理论体系和相对独立的专题讲授有机统一起来,努力追求思想内容丰富而深刻、观点阐释鲜明而准确、语言表达精练而优美的理想境界。虽然通俗性也是必须考虑的一个重要因素,但是,既然本课程定位于从哲学维度与层面讨论有关人与人生的系列问题,那么,课程的理论深度和内在的逻辑结构当然还是要有所讲究的,讨论中有些哲学思辨的色彩肯定也是免不了的。为此,数年来笔者殚精竭虑,文本至少十易其稿,试图在力所能及的范围内,尽量照顾到大多数读者的接受习惯和审美倾向,希望大家能在轻松愉快的阅读过程中,分享一些思考与领悟的乐趣,获取一些有益的启迪与帮助。至于最终效果如何,只能留待读者们去评判了。

张伟胜

2015 年 6 月

目　录

第一讲 人与人生

我们现在开始要讲的课程,叫作"人生哲学智慧"。什么叫人生哲学智慧?顾名思义,"人生哲学智慧"就是从哲学的角度来审视和领悟我们的人和人生,或者说,是在人生当中发现、澄明与运用哲学智慧。为什么要讲人生哲学智慧呢?因为虽然每个人都拥有人生,但未必每个人都拥有智慧,尤其未必拥有人生的大智慧——哲学智慧。

一、智慧难得

按理来说,我们人类早就已经进化成了世界上最高贵、最有智慧的生命形式。可事实上,我们不难发现,至今为止,每个人在他生命展开过程中,并非真的都表现得有多么高贵并富有智慧。相反,有些人,特别是某些自认为高人一等的自鸣得意之人,常常显得那么卑劣而愚蠢。

人的这种高贵和智慧、卑劣和愚蠢,并不一定与人的出生、地位、名望、财富、权力、学历等被世俗社会认为最重要的那些东西有多少关系。我从不相信那些站在世俗社会巅峰上的人，一定比别人更高贵、更智慧。

非常奇妙的是，人的许多外在的东西可以"装"，而智慧这东西是内在的，还真没法"装"，越"装"越不像。从某种意义上说，人最大的智慧也许正是不"装"。不"装"就是"本真"，就是"自然"，就是"本来面目"。自然是最伟大的，因为它无所不包，无所不容，无所不能。人本身就是自然的伟大作品，就是自然的一部分，是自然进化的一种高级形态。人类社会的演进就是一个自然历史过程。

人产生于自然，必然离不开自然，受制于自然。面对自然，人唯一要做的就是认识自然，顺应自然，按自然规律生存生活。从这个意义上说，一个人如果懂得效法自然，真正拥有"自然"意识与品性，他就拥有了人类的最高智慧。因此，我们并不需要迷信某些特别能"装"的各类"明星"式的人物或者所谓的"成功人士"。他们可能很幸运地成了"明星"或"成功人士"，但这并不一定能够证明他们比别人更有智慧。

显然，人们的智慧是有差异的。这个差异还可以非常大。但有一点大约是共通的，无论人们的智慧差异有多大，人们仍都渴望自己能成为一个有智慧的人，最好能够成为一个有大智慧的人。虽然有很多人并不一定非常明白智慧是什么。

我愿意相信，人们的这种渴望是很真诚的。道理很简单，经过千万年的发展，人类已经充分意识到，智慧是唯一能够配得上"人"这个尊贵称号的内在品质。以我个人的领悟，我觉得无论是人与动物之间的差异，还是人与人之间的差异，最根本的就是智慧的差异。人之所以成为人，不就是因为人有智慧吗？人倘若没有智慧，与动物又有何异？

人与人之间的差异很复杂，产生这些差异的原因更复杂，但智慧的差异是决定性的。为什么有的人成了圣人、贤人，而多数人只能是凡人、庸人。圣人、贤人与凡人、庸人之间的差异，不就是因为智慧高下的不同吗？我们之所以景仰圣贤，不就是因为他们出类拔萃的非凡智慧吗？为什么有些人几乎拥有了世上所能拥有的一切，可他们并不为人称道，令人敬重？为什么有些人似乎生前一无所有，死后却能青史留名，引人膜拜？难道不主要是因为智慧的差异吗？

既然智慧如此重要，那么我们自然就会追问："什么是智慧？"

提起智慧，常常给人以高深莫测的感觉。就我们日常生活所见而言，对于什么是智慧的问题，似是而非的理解确实也是相当普遍。例如，有人误将知识当作智慧。其实这不对。知识来源于学习，智慧来源于思悟。有知识不等于有智慧，知识多不等于智慧高。现实生活中，知识虽多却很愚蠢的人不是一个两个。真正有智慧的人当然会爱知识，但他更关注的却是如何对待自己的知识。再如，有人误将聪明当作智慧。其实这也不对。聪明只代表人的感觉敏锐，反应快捷，但聪明的人不一定有智慧。有时聪明与智慧似乎只有一纸之隔，但有时聪明与智慧可能相距千里。一个人有没有智慧或者智慧高不高，并不取决于他有多聪明，而取决于他有没有发挥和利用好自己的聪明才智。

说到这里，为了便于后面围绕人生哲学智慧这个主题展开讨论，我就试着先给"智慧"这个概念作一点自己的解读。

在我的观念中，所谓智慧，是指人在其生命展开过程中，追寻万事万物真相并用它来造福于自己和人类以至所有生命的意识、悟性与能力。它主要包含三个方面的含义。

第一，我们所说的智慧是人的智慧。智慧不是某种离开人的生命而独立存在的神秘现象，而是人所特有的、蕴涵于人的生命展开过程之中的精神现象。人的智慧固然与天赋有关，但它并非完全来自于天赋,更多的是来自于个体生命对自我、他者及其关系的长久思虑与深刻领悟。

第二,智慧是人的高级精神境界。在人的生活中,智慧体现为人对待自我与外部世界之关系的观念与态度,以及独特而优越的认知方式和思维方式,高超的洞察能力、领悟能力、判断能力、选择能力和行动能力。智慧是主体的意识内涵和能力素质的综合呈现。它既是内在的,又是外显的。

第三,智慧代表着人的崇高价值取向。智慧不是一种空洞抽象的意识与能力,这种意识与能力是与具体丰富的价值观念体系相联系的。寻求真理是智慧的先导,运用真理去造福自己与整个人类以至所有生命是智慧的本义。只有当人把高超的意识与能力和崇高的价值理念融为一体并将其付诸行动时,才能成就真正的大智慧。

哲人或智者通常具有一些共同的基本特征:一是视界高远,胸怀宽广。智者必得高瞻远瞩,有全局意识、系统意识和历史意识,其思想纵横贯通,无远弗届,识见高明,气度超凡,通常是具有宇宙情怀和终极关怀的人。二是眼光深邃,洞察本质。智者识人格物,力求透过纷繁复杂的表象而直达内在的本质,溯流达源,实事求是,析果归因,审其所以,见微知著,见常知变,思悟独到而深刻。三是众生为念,慈悲为怀。但凡智者,安身立命,时时处处皆以众生为念,悲天悯人,乐善好施,敬天重地,爱人惜物,断无暴殄天物残害生灵之心。四是处世有方,言行有度。智者之为智者,必是深明大义,人情练达,刚柔相济,方圆相宜,进退有据,谨言慎行,明善恶之分,知得失之理,绝不会口无遮拦,胡言乱语,恃能而骄,恣意妄为。

由于智慧与智者具有这样一些特性,所以,在我们中国传统文化中,对于智慧和智者特别推崇,在人们心目当中的地位也非常神圣与崇高。自古以来,三教九流,各家各派,虽各尊其说,各宗其法,百花齐放,百家争鸣,但在智慧与智者问题上的看法与态度却是不约而同的。他们都把拥有大智大慧、造福世间的人看作是真正的哲人或智者。例如,佛家把获得大智慧叫作"觉行圆满",把智者称为"佛陀";儒家把获得大智慧叫作"德行圆满",把智者奉为"圣人";道家把获得大智慧叫作"性命双修",把智者尊为"真人"。

历史千秋万代,智慧深不可测。人生哲学智慧是一门既极高深又直通生活的大学问,值得我们领悟的东西很多。由于课程本身的容量有限,我们无法细细铺陈,面面俱到,只能选择一些我们认为特别重要的内容,如人与人生、人的本质、人生理想、人生境遇、人生价值、人生艺术等问题,分成六讲来作一点粗浅的讨论。因笔者阅历有限,学养不深,谬误之处,在所难免,故恭请大家批评指正。

二、认识你自己

讲人生哲学智慧,自然离不开人与人生。

我们都是人。我们都有自己的人生。可我们是不是真的都知道什么叫作"人"? 什么叫作"人生"?

在现实生活中,有一些人,生而为人,从生到死几十年,虽然似乎一直在做人,但是,自己是怎样的人? 应该怎样去做人? 把自己做成怎样的人? 对于诸如此类的问题,却从来不曾做过认真的思考,更谈不上清楚明白。甚至有些人会问,思考这样的问题有意思吗? 想或不想,我不都是人吗? 人怎么活还不就是一辈子呀?

话是这么说,可我们仔细想一想:人和人都一样吗? 好像一样,好像又不一样。其实,只要我们稍微注意观察一下周围的人，就不难发现，人与人确实不一样。有的人，志向远大，理想崇高，一旦立定人生目标，便勇敢前行，百折不挠，他们清楚地知道自己想要什么，该要什么，能要什么，且无论最终结局如何，都能坦然面对，无怨无悔。而有的人，却是胸无大志，目光短浅，人生无目标，行动无原则，人云亦云，人趋亦趋，无所追求，也无所成就，观其一生，可以说是稀里糊涂地来到这个世界，又稀里糊涂地离开这个世界。

即使作为一个普普通通的平凡人，我们既没想过要成贤成圣，做万世师表，也没想过要做英雄好汉，建千秋功业，但总也不至于想做一个稀里糊涂的迷糊蛋吧？如果我们有心让自己明明白白地在人世间走一趟，那么是不是应当在忙碌之余，静下心来，好好去想想某些平常无暇顾及或不太去想的问题呢？比如"我是谁？""我从哪里来？""我往哪里去？""我来做什么？""我该怎么做？"等等。

古希腊哲学家苏格拉底，曾经借助"神谕"告诉人们，人生的主题就是"认识你自己"。我非常钦佩和赞赏苏格拉底所说的"神谕"。人的生命过程，首先就是一个不断认识自己的过程。一个人如果连自己是谁都没搞清楚，我们还能指望他搞清楚什么呢？所以，对于一个正常人来说，究其一生，首要使命非"认识你自己"莫属。我们在上面提到的这一系列关于人生的问题，也正是关于"认识你自己"的问题。我们这门课程的目的和任务，就是试图通过多维度与多层面的讨论，从人生哲学的高度来"认识你自己"。

可能有人会问："认识你自己"很难吗？谁不认识自己呀？我猜，大概有不少聪明人也会这样想。

然而事情真的是这样吗？

苏格拉底在古希腊被公认为是全雅典最聪明、最有智慧的人。可他偏偏认为自己最大的智慧就是知道自己的无知。于是,他就用自己独特的"辩证法",通过对话,去不断地向那些"聪明人"请教,希望能够达到"认识你自己"的境界。然而,结果却令苏格拉底极为失望,事实上没有人能够告诉他任何关于人生的真相。

这个故事背后隐喻的是什么呢?就是许多人看起来似乎很聪明,但实际上他们并不一定真的知道自己是谁。因为人们对"自己"好像太熟悉了,甚至到了"熟视无睹"的地步。人们乐于把所有的精力都用于关心和追求身外之物,诸如名利地位一类的东西,以满足"自己"各种无穷无尽的欲望,结果反而把真正的"自己"给遗忘了。当我们真正深入追问"人与人生究竟是怎么一回事"时,看到的常常是一张张陷于迷惘与困惑之中的脸。

三、困惑与迷思

作为"人",我们究竟是一种怎样的生物呢?面对"自己",我们是不是会感到一种莫名的无知与惶恐?

首先,人作为一个类,呈现出的面貌是令人困惑的。

人是智慧生物,却常有愚蠢之举。一方面,迄今为止,人在已知的宇宙空间里是最高级的智慧生物,因而向来自豪地以万物之灵长自居;但另一方面,作为地球生物圈食物链最高端的主宰者,人类又利用无与伦比的强大力量,以无序竞争、自私自利的方式追逐各自的狭隘利益,结果导致了生态系统的破坏,无数物种的灭绝,反使自己的生存家园濒临前所未有的危境。常识告诉我们,人的生存是依赖于这个世界,依赖于这个生物圈的。如果这个生物圈被破坏了,所有的生物都被灭绝了,那对我们人类来说意味着什么呢?那会是一个怎样可怕的结局?

人是文明的创造者,又是文明的毁灭者。我们也许觉得现代人类的文明非常伟大,但我们可知道,在数千年历史长河中,人类曾经创造过很多灿烂辉煌的文明。然而,这些文明现在大多消失了。人类千辛万苦创造了伟大壮丽的精神文明和物质文明,却又因为无知和无情,一而再再而三地破坏与毁灭着自己的文明。

人似乎无所不能,又好像极其无能。凭借越来越发达的科学技术,人的视野伸展到了一百多亿光年远的浩瀚宇宙,触角伸向了一万多米深的神秘海洋。人甚至试图通过克隆自己而冒昧扮演造物主的角色。看起来人类几近无所不知,无所不能。然而,面对危害人类生命的小小微生物,人又常常感觉惶恐不安,束手无策。当人类上天入地大显身手的同时,人类对于自身的秘密却依然知之甚少。

人类因多元而精彩,又因争斗而悲惨。各种各样的民族,大大小小的国家,五彩缤纷的文化,或相互融合,或相互碰撞,既相继开创出精彩绝伦的世代文明,又自导自演着相互残杀的人间惨剧。纵观人类发展史,和平与战争同行,仁爱与屠杀同在,一边上演着喜剧,一边上演着悲剧。人有时候美得像天使,有时候却丑得像魔鬼。

其次,人作为一个个体,对自我生命的认知、对人生状态的把握也常常陷于迷思。

谁都知道人生难得,谁都希望自己能够幸福快乐地度过一生。但希望虽好,结果未必如愿。痛苦与无奈,矛盾与纠结,总是与生俱在,挥之不去。比如说,年少时,我们都盼着日子过得快一点,自己也可以长得快一点。等到老了,我们又哀叹日子过得太快,祈求岁月的步伐能够放慢一点。仿佛昨日还是发如青丝,脸如满月,今日一梦醒来,却发现早已发如霜雪,满脸沧桑。一切似乎就在眼前,转瞬却全都随风而去,人生已入风烛残年。健康时,多少人挥霍身体,以命搏钱;生病时,才知健康无价,宁愿以钱换命,哪知病入膏肓,醒悟太晚!人啊,面对过去,常常心生懊悔;面对未来,充满焦虑渴望;身处当下,却又虚度年华。这是一种怎样的心态啊?!人有时候觉得自己很幸福,有时候又感到自己很痛苦;喜欢自由却总是得不到自由,不愿意被奴役却常常被奴役,盼望生活道路一帆风顺却总是崎岖坎坷命运多舛;活着时仿佛永远不会死去,死到临头了,又仿佛从未活过一般。我们时不时会有恍惚之感,好像自己处于一种混沌迷茫的生存状态:我究竟是活在过去呢,还是活在当下,抑或是活在未来?就像那庄周梦蝶一般,究竟是我在梦蝶还是蝶在梦我?

我们从小就有许多美好而崇高的理想,而又常常被现实生活折腾得遍体鳞伤。明明知道我们是赤条条地来到这个世界,又会赤条条地离开这个世界,来也空空,去也空空,但有多少人偏偏又是如此的贪婪成性,恨不得把整个世界都占为己有。有的人,做梦都想发财,可到头来仍然是竹篮打水一场空;有的人,从来不做发财梦,可偏偏天上掉馅饼,砸到了他头上!真是"有心栽花花不发,无心插柳柳成荫"。有的人,已届耄耋之年还在兢兢业业;有的人,正当花样年华就走上了轻生之路。一切的一切,看起来是那样的怪异迷离,那样的不可思议,那样的令人难以捉摸而不知所措。

这就是令我们无限困惑而陷于迷思的"人"和"人生"。

人为什么会这样?人生为什么会这样?人为什么会矛盾纠结甚至人格分裂?人为什么常常感叹既看不懂自己,也看不懂这个世界?人为什么老是事与愿违?真的冥冥之中有某种神秘的力量在操控着我们的命运吗?我们应当怎样看透生与死?我们应当如何对待得与失?我们应当怎样选择取与舍?人生为什么会有那么多的问题?这些问题是从哪里来的?这些问题对我们来说意味着什么?我们怎么去面对这些问题?我们怎么去认识这些问题?我们怎么去解决这些问题?

我们每个人在一生中，都将身不由己地经常面临这些问题的一再拷问。如何回答这些问题，决定着我们成为一个怎样的人，走一条怎样的人生之路。所以，作为一个有思想和行动能力的人，我们不得不对这些问题进行深入的思考，并作出自己理性的判断与选择。

四、学习者与思想者

人有一个非常重要的特点，那就是好奇心。好奇心是人最深层的本能之一，也是人类生存与发展的重要原动力。人对于自己不知道的东西，总是怀有一种强烈的探索意向。爱追问，是人类最为独特的天性。人一呱呱坠地，来到这个陌生世界，还没学会讲话走路，就开始用好奇的眼光观察周围的世界。孩童时期，是人的一生中最喜欢提问题的阶段。有时候大人甚至会被小孩问得心烦意乱。为什么？因为别看小孩子好像啥也不懂，但他喜欢打破砂锅问到底，一直会问到大人张口结舌答不出来还不罢休。孩子最好学，而学习的过程就是一个追问的过程，是一个发现问题、提出问题、探究问题、回答问题的过程。

当然，同样是问，不同的人会有不同的表现。比如说，有些人一碰到问题就喜欢问别人。这种人学习的欲望非常强烈，不知道的他想知道，不懂的他想问懂。他通过向别人学习，向书本学习，向自然学习，向社会学习，不断地向外探求，并将得到的各种知识内化到自己的知识结构当中去，变成自己的知识。我们把这种爱问别人、爱向外寻求知识的人，称为学习者。

非常可惜的是，很多人的学习到此为止了。他们满足于不懂就问，满足于对新鲜知识的了解与拥有。但从人类的本质来讲,更重要的应该是学会问自己。会问自己的人,不仅是一个学习者,更是一个思想者。有没有思想,是人与动物的根本区别。我们如果注意观察,就会发现,其实许多动物也是会学习的。学习不仅仅是我们人所特有的一种能力,也是许多动物都有的能力。人之所以比动物更高级,是因为人不仅会学习,而且还会思考。许多知识,虽然书本上都有,可能老师、长辈也会跟我们讲,但真正领悟这些问题,还得要靠自己的思想,要自己去思考。

我们这个课程讲的是"人生哲学智慧",我们讲人与人生,不仅是要让大家了解"人是什么"、"人怎么样"这样一些知识性的东西,而且更希望每一个人都能运用自己的思维能力,去追问与领悟更多的"为什么"、"应当如何"等问题。也就是说,如果我们是一个有思想的人,如果我们要展示一般动物所没有的那种被我们称之为"人性"的东西,我们就要对所见所闻的各种事物进行不断的追问,善于对所做的各种事情进行深刻的反思。无论是非善恶、成败得失,只有对自己的人生经过全面的关联与审视,深刻的追问与反思,然后对其因果关系或多或少有了一些领悟,并以此来指导自己的未来人生,我们的人生才会散发出智慧的光芒,我们才能赋予自己的生命以人性的尊严。

正如苏格拉底讲的那样,未经审视的人生是不值得过的。因为未经审视的人生没有任何的思想含量,因而也没有任何的人性色彩,这样的生命状态与动物的生命状态没有任何的本质区别。审视的过程,就是一个追问与反思的过程,就是一个思想的过程。我们把从事这样一种思想活动的人叫做思想者。

有智慧的人,首先是一个学习者,但更是一个思想者。而拥有大智慧的人,必是其思想的高度与深度皆超越凡人者。

五、"是"与"应当"

人的一生可能遇到的问题难计其数，但概括起来，大概就是两类：一类关于"是"的问题，一类关于"应当"的问题。

什么叫作"是"？这里所讲的"是"，是指古汉语里表示"事物本身"的那个"是"。我们中国人对"实事求是"这个成语应该不会陌生。"实事"就是指各种各样的客观事物，"是"就是指客观事物的真相，"求"就是去研究、去认识。"实事求是"的意思就是我们人类通过自己的社会实践活动，获得对客观事物的真理性认识。

认识事物的真相属于科学问题。科学的功能就是追求事实真相或科学真理，获取对万事万物本来面目的正确认识。也就是说，作为科学研究，我们所追求的境界，就是客观事物本来是什么样子的，反映到我们人的头脑当中来，它就应该是什么样子的。我们的主观认识与客观事物本身应当是相符合、相一致的，是"如其所是"。所以，我们把对这一类关于"是"的问题的追问，称为科学之问。

科学之问，包括三个最基本的问题："是什么？""为什么？""怎么样？"我们讲人生哲学智慧，首要前提就是要回答关于人与人生的这几个问题。

那么，是不是当我们把关于人与人生的这几个问题都弄明白了，人与人生的困惑与迷思就全解决了呢？没有。还有一个层次更高的问题。其实，在我看来，苏格拉底关于人的"神谕"并不完美。因为它对人与人生的目的和任务只是说出了一半，后面应当还有一半，而且后面这一半比前面的那一半更为重要也更为困难，那就是"做好你自己"。只有在"认识你自己"的基础上进而"做好你自己"，人与人生才是圆满完美的。

　　我们在现实生活当中,经常会碰到这样的情况:有些事情我们都知道,都了解,这个事情如果叫我们去做,我们也完全有能力、有本事去把它做成。然而问题在于,我们能做的事情是不是值得去做呢? 是不是应当去做呢? 能做的事情就一定是有用的吗? 一定是可以做的吗? 当我们面对多种可能性的时候,我们应该如何去选择? 根据什么去选择? 选择的尺度是什么? 更确切地说,我们应当按照什么样的价值准则或价值标准去做人做事,才能平衡、协调好自我与他者的利益关系,从而使我们的选择富有意义与价值呢?

　　什么叫"应当"? 所谓应当,是指应事得当,即为人处事要以最恰当、最合适的态度、方式和尺度去应对。而无数的历史经验与事实告诉我们,最让人们感到困惑与迷惘的,恰恰就是这个问题。因为,在很多时候,我们不知道如何选择才是正确的,是"如其应当"的,从而能使我们感觉到,我们的选择与我们所拥有的人之为人的人格尊严是相称的、相匹配的。所以,我们对此不得不进行更多的追问与反思。

　　在哲学视野下,我们把对这一类是否"有用"、是否"值得"和是否"应当"的问题的追问,称为价值之问。价值之问,最基本的问题是"有用吗?""值得吗?""应当吗?"

　　我们讲人生哲学智慧,就是要在科学之问的基础上,进一步展开价值之问,对人与人生的一系列基本问题进行深入的追问与反思,以达到"认识你自己"、"做好你自己"的人生目的。

六、千年不变的经典问题

　　人生在世,基本使命就是认识世界和改造世界。人生智慧也正蕴涵其中。人只有真正把自己认识清楚了，才谈得上对这个世界形成正确的认识，然后才有可能去适应世界并有效地改造世界。

　　每个人认识人的方法和视角会很不一样。从不同的层面、不同的视角、用不同的方法去认识，就会得出不同的结论，由此形成各种各样的有关人的知识和学问。所有的社会科学都与人有关，都是从不同的层面或者不同的角度对人做出的认识和反映。这些认识和反映，有些是流于表象的、浅层次的；有些是深层次的、本质的，是关于事物真相的。我们讨论人生哲学智慧，主要不是以科学的方法，从人的生理层面或物质层面去认识人，而是以哲学的思维，立足于人的精神层面，来讨论人与人生的相关问题。

　　根据人所处的精神层面的差异，我们可以把不同的人区分为愚痴之人、感性之人、理性之人和觉悟之人等不同层次。愚痴之人，是精神层次最低的人。这类人，严格地讲其实他们是没有什么真正的属人的精神世界的。这类人，大都属于大脑具有先天或后天残疾的人。感性之人，层次也不高。面对和处理各种问题的时候，支配他们言语行为的主要是感觉。这类人，待人处事往往非常情绪化，凡事跟着感觉走，不爱动脑子。理性之人，相对来说精神层次就比较高了，对人对事都喜欢问一个"是什么？为什么？怎么样？"他们看起来冷静而理智，善于用科学的态度与方法去认知和处理各种问题，长于思考，工于算计。最高一个层次是觉悟了的人。什么叫作觉悟了的人？就是他对于我们这个世界，对于人和事物的真相，都已经了如指掌。人和事物的本质、特点和规律是什么，过去、现在和将来是怎么变化的，他都已经知道了，都已经悟透了。觉悟者不仅知道人是什么，而且他还知道人应当做什么，不应当做什么。到了这样一个境界，用孔夫子的话来讲，是已经到了"从心所欲不逾矩"的境界了。这种人非常了不起，也极其难得，也许要数百上千年才能出一个，属于人中龙凤，圣贤之辈。

无论我们现在处于哪个精神层面上，如果希望自己能够像一个真正意义上的人一样活着，就要努力去提升自己的精神境界，去探究一些人与人生的根本问题，在忙忙碌碌的世俗生活之余，多一点对自我的终极关怀。

我们需要关心的事情总是很多很多，但从根本的意义上来讲，还有什么比我们人本身更值得关怀的事情吗？我想没有了。懂得这个道理，我们就算窥见了人生哲学智慧殿堂的大门。

关于人与人生，究竟有哪些具有哲学意味的根本性问题呢？概括起来，最为经典的大约就是以下几个问题："我是谁？""我从哪里来？""我往哪里去？""我来干什么？""我该怎么干？""我应当成为什么样子？""我应当拥有怎样的生活？"

所谓"我是谁"的问题，其实问的就是"人是什么"、"什么才是真正意义上的人"的问题。这是人生哲学最根本、最核心的问题。这个问题关乎人的本质，内含着人与动物、肉体与灵魂的关系，体现的是对人的人格尊严的拷问。它告诉我们，人虽然脱胎于动物界，但人超越了动物界，真正意义上的人应当是一种具有人格尊严和高贵灵魂的高级生命。

所谓"我从哪里来"、"我往哪里去"，问的是"人的故乡在哪里"、"人的归宿是什么"的问题。这些问题关乎人的生与死，内含着人和自然、人与宇宙的关系，体现的是对人生的终极关怀。它昭示我们，人来自于自然，最后要回归于自然。自然，既是我们人的故乡，也是我们人的归宿。人与自然本来就是不可分割的统一体。

所谓"我来干什么"的问题，问的是"人生目的"、"人生理想"、"人生信仰"的问题。这些问题关乎人生的目的与希望，内含着理想与现实、物欲与信仰的关系，体现的是对人生的自我期许。它警示我们,人生在世,总得知道自己想要什么、想干什么、为了什么,什么才是支撑我们生存与生活信念的内在动力源泉。

所谓"我该怎么干"的问题,问的是"人生境遇"、"人生命运"、"人生价值"的问题。这些问题关乎人生的意义与价值,内含着个人与社会、自我与他者的关系,体现的是对人生的态度与尺度。它提醒我们,为人处世,应当明白人生到底是怎样一个过程,应当如何去面对这个过程,依靠什么样的人生态度和价值尺度去掌握或改变自己的命运。

所谓"我应当成为什么样子?""我应当如何活着?"的问题,问的是"人生艺术"、"人生境界"的问题。这些问题关乎人生的自由与幸福,内含着人与自我、沉沦与超越的关系,体现的是人生的精神境界,揭示的是人生真谛。它召唤我们,要想成为一个真正意义上的人,就应当、也可以从动物界当中超越出来,在人生过程中实现人的心灵升华,从而过上富有诗意、美感与价值的生活,使自己成为一个自由与幸福的人。

总之,人是一个来自于自然又超越自然的智慧生命,人的一生应当就是一个不断认识自我、超越自我,从自我走向他者、从必然走向自由的过程。

我们汉字中的"人"字,形象就像一座山。一个人如果能够顶天立地站起来,他就是一座"人性之山"。或者说,我们所谓的"做人",其实就是在攀登这座"人性之山"。人本来是一个山脚下的动物,与其他动物没有什么根本区别。但是,人之为人,却不甘于永远与在山脚下徘徊的动物为伍。我们是智慧的生命,所以我们向往山顶上的风景。尽管通往山顶的是一条崎岖小道,只要我们愿意努力,我们总能一步一步地向着这座高高的"人性之山"攀登。也许我们永远到不了"人性之山"的最高处,也许我们永远无法目睹山顶上的壮丽风景,但是,当我们站在人生的每一个高处,去追问人生面临的每一个问题,反思人生的每一次言行举止时,我们就可以问心无愧地说,我一直在努力认识自己,认真谱写人生华章,争取做一个富有人生智慧的真正意义上的大写之人。

人与人生的根本义蕴,想来莫过于此。

第二讲 人的本质

在第一讲中我们说过，讨论人生哲学智慧的首要任务是"认识你自己"。而"认识你自己"遇到的第一个问题就是"我是谁？"对"我是谁"的探究与回答，必然会引发一系列更多的关于人和人生问题的追问与反思。"我是谁"的问题，是所有关于人生问题的奠基石。

一、在野兽与天使之间

关于人的本质，曾经有人说过这样一句话："人一半是野兽，一半是天使。"于是乎，有人问我："此话可当真？不是开玩笑？哪一半是野兽呀？哪一半是天使呀？"这个问题挺有意思，但说起来可能真的有点麻烦，三言两语很难回答清楚。所以，我们不得不耐心地从头说起，并希望自己能尽量说得通俗易懂一些。

科学和哲学常识告诉我们，任何事物都有自己的形态。任何物质形态又都具有质与量的属性，是质与量的统一体。一个事物的质,就是构成该事物的全部要素及其内在联系。一个事物的本质,则是构成该事物的根本要素及其内在联系。依此类推,人的本质就是人之所以成为人的根本要素及其内在联系。它是能将人与其他事物区分开来的内在规定性。

上面这段具有哲学特色的语言,听起来颇有点绕口令的味道。它想表达一个什么意思呢?用通俗一些的语言来说,它的意思大概是这样:我们每一个活生生的人,像所有其他事物一样,也是由某些要素组成的。概括起来,人有两个最根本的要素,一个是肉体,一个是精神。肉体是自然造化赐给我们的先天之物;精神是通过学习、生活和实践才形成的后天之境。人的肉体和精神这两个根本要素之间是相互联系、不可分割的。人的精神必须依附于人的肉体,离开人的肉体,精神无从产生与活动。而当精神一旦形成,人的肉体又要反过来受精神的支配。如果把精神抽离掉,那么活生生的人也就不复存在了。所以,我们才说肉体和精神是人的生命形成的两个根本要素。它们之间的有机联系构成一个现实的人的生命实体。

作为人类学意义上的人,肉体生命与精神生命缺一不可。有肉体而没有精神是纯粹的动物,充其量只能算是生物学意义上的人。因为这种人没有属人的精神世界,所以也被指称为"人形动物"、"行尸走肉"。有精神而没有肉体是虚幻的神明,是宗教神学意义上的神。任何一个健全的、现实的、有生命的人,都应该是肉体生命与精神生命的有机统一。

人与一切动物生命一样,有肉体、有本能。肉体与本能,是动物的自然属性。我们把这种自然属性称为物性。动物俗称野兽,所以物性也称兽性。人有物性,意味着人首先是动物,因而先天就有着兽性与本能。人虽然在进化过程中尾巴消失了,但和肉体联系在一起的所有兽性与本能是与生俱来、与死俱灭的。只要人的肉体还存在,人的兽性是不可能被彻底消灭的。人与自己的母体——动物——之间的脐带从来没有、也永远不可能真正一刀两断。承认这一点是认识和理解人的本质的重要前提。

但是，人之所以成为人，并不是因为人有肉体，而是因为人有精神。人们通过自己的努力，逐渐克服自身兽性，从而使自己从纯粹的动物界中超越出来，并最终成为具有精神世界的特殊的高级智慧生物。我们把这种人的自为属性称为神性。凡是真正的人，皆有神性。神性是人与其他一切生物的根本区别之所在，因而也是人的本质之所在。一个人具有什么样的本质，完全取决于他有什么样的精神世界。

肉体和精神是人的两种根本要素。我们把这两种根本要素的有机统一体称为"人"。物性和神性则是形成人的生命的两重基本属性。我们把人的这两重基本属性的有机统一称为"人性"。

除了肉体与精神这两重最基本的属性之外，人还有一种非常重要的固有属性——社会性。人是一种群居的社会性动物。从一生下来开始，人就处于某种特定的社会环境之中，并在其中成长起来。与之相应，人的精神世界的形成与发展，必然会烙上深深的社会印记。没有任何人的生存与发展能够游离于这个社会，也没有任何人的精神世界能够与社会完全无关。无论喜欢不喜欢、自觉不自觉，所有人都是在自我与他者的联系互动中完成其生命过程的。人影响与改变着社会，社会也影响和改变着人。人的精神世界，就是所有这些联系与互动，在人的心灵上的投射、积淀与重构。正是在这个意义上，马克思认为，人就其本质而言，是一切社会关系的总和。

说到这里，我们可以对上述关于人的认知，作一个简要的小结了。我把它们概括为三个基本关系式：

（1）人＝人的肉体＋人的精神＋两者的有机联系；

（2）人性＝人的物性（天性）＋人的神性（习性）＋两者的相互影响；

（3）人的本质＝人的精神世界（一切社会关系的总和）。

在这三个关系式中，最关键的是人性关系式。要理解人的本质，必须首先正确理解人性问题。在人性关系式中，物性和神性这两个因素不是一成不变的，它们具有此消彼长的关系。物性与神性的此消彼长，必然会使人性发生相应的变化。所以，人性、物性、神性，三个都是可变量。一个人的物性越多，他就离野兽越近，离天使越远；一个人的神性越丰富，精神世界的层次品位越高，他就离野兽越远，离天使越近。

也许，正因为人们觉得，具有神性的人与宗教神话中的天使最相像、最接近，却由于人的身上毕竟还有或多或少的兽性存在，因而无法成为真正的天使，才发出了"人，一半是野兽，一半是天使"的叹息。现在我们明白了，这个说法其实只是一种比喻，它象征着人来源于动物又超越了动物，向往并接近着"神"但又成不了神的真实境况。所以我们说，人既不是野兽，也不是天使，人永远只能游走在野兽与天使之间。

二、"性相近"与"习相远"

既然人的精神世界是后天形成的，那么，人的本质自然也是人在生存与发展过程中，随着自我与他者之间的互动，形成并发展变化而来的。

在肉体与精神的关系上，肉体是精神得以产生的前提之一。没有肉体就不会有精神。在精神产生之前或者在精神失去之后，"人"作为一个生物学意义上的人，其一切行为（包括人对外在世界的种种好奇与探索、人对外在世界给予的各种刺激所作出的反应）都仅仅出于肉体的天然需要所引起的物性或本能。从人类学意义上说，这样的人与其他动物并无本质区别。

当人的肉体本身（特别是脑组织结构）发育到一定程度，人的主观意识在人的感觉器官与外在世界的交往接触中开始逐渐形成。此时，人不再仅仅对外在事物感兴趣了，他同时又对自我产生了兴趣。人自觉地意识到了自己与世界的关系，意识到了"我"的存在，意识到了"我"与其他事物的不同。人学会了反观自我，并将对自我的认识以及自我与外在世界的各种关系纳入了意识的范围。人发现自己既是独立于这个世界的，又是依赖于这个世界的。

逐渐地，人学会了如何与这个外在的世界打交道，以应对复杂环境，满足自身生存与发展的需要。然后，人将这种处世的经验不断地储存积累到自己的意识之中，并形成了最初的意识结构或认知图式。于是，人终于有了一个属于自己的精神世界。一个人，一旦拥有了自己独特的内在精神世界，也就形成了与众不同的独特本质。这时候，人就从生物学意义上的人，演变成了人类学意义上的人。

在正常情况下，生存于现实世界的人，其精神世界总是处于一个或快或慢的变化过程中。从儿童到成人之初的这个阶段，与人的肉体迅速成长相伴随，人的精神世界也在不断地丰富起来。这是一个人的意识结构或认知图式都未定型的时期，也是一个人的世界观、人生观、价值观逐渐形成但还不成熟稳定的时期。在这个阶段，即使是一母所生的双胞胎，两个人先天条件完全一样，但如果出生以后，他们分别在两种不同的生存环境和教育环境下成长起来，由于学习、生活与实践的内容和方式各不相同，他们的精神世界和行为习性，就有可能差异会很大。时间越久，这种差异会表现得越明显。古人的"性相近，习相远"，说的就是这个意思。常言道，近朱者赤，近墨者黑。在自我的精神世界并未发育成熟的时候,人生境遇和人生经历对于一个人的本质的形成具有特别重要的意义。

成人之后,随着意识结构或认知图式的基本定型,世界观、人生观和价值观也趋于稳定,人便开始拥有自己的"成见"。人的"三观"一旦形成,除非发生重大变故,人的本质发展维度都将会保持在已有的惯性轨道之内,不太可能轻易地发生大幅度的转向。至此,要想使一个人的本质真正发生根本变化,将会是一件相当困难的事情。当然,另外一种可能同样也存在,只不过其可能性相对来说要小一些。虽然,我们常说要"活到老,学到老,改造到老",但是由于这种学习与改造,是在原有"三观"的基础上进行的,所以,不可能不受它的影响与干扰。对成人的"三观"进行"脱胎换骨"式的改造,是一件异常困难的事情,需要很多因素协同作用才有可能做得到。

三、天条与良知

人的精神世界是迄今为止人类所认识的宇宙间最为复杂玄妙的现象。不过,无论多么复杂玄妙,当我们把人类所有的精神现象加以高度概括以后,发现无非就是三个方面的内容:一是人对外部世界的认识;二是对自我的认识;三是对自我与他者之间关系的认识、判断与选择。不同的人,在其精神世界之中,这三个方面的内容无论是数量上还是品质上都是有差异的。人的本质问题,归根结底就是人的精神世界的品质问题。在日常生活语言中,我们通常把人的本质称为"人品"。品评人品之高下,就是衡量人的本质之优劣。

我们要认识和区分不同的人,总是首先通过感觉器官接触和感受人的肉体生命形态或者说人的外在形象,根据其生物学特征来形成对人的初始认知。然后，我们会通过观察其言语行为等来进一步扩展对他的认知。但是，从哲学人类学的意义上说，所有这一切，都只是对人的表象的认知。如果我们对于人的认识仅仅停留在表象上，而没有透过表象深入了解其内在的本质，那么，这种表面认知即使再全面、再准确，仍然不足以让我们对一个人的人品或本质作出真正有意义、有价值的判断。例如，我们能以一个人的高矮胖瘦来证明他是好人还是坏人吗？显然不能！我们无法以人的肉体生命特征为根据，来判断每个人所特有的本质。认识人的本质的唯一正确途径，就是认识与分析人所特有的精神生命形态。

人的物性决定了人都有先天本能。追求肉体本能需求的满足，是所有动物生存活动的最根本的原动力。人也不例外。肉体的天然需要对人来说是"绝对命令"，是任何人都不可违抗的"天条"。这种需要是如此之强烈，以至于任何人都绝对不可能对其视而不见，不予理睬。尤其是关系到人的肉体生存的基本需要的时候，满足这种需要便成为不可抗拒的欲望和力量。从生物学意义上说，对于人的肉体本能，原本并没有什么价值判断的余地，没有什么是非善恶之分。每个人的本能需要，应当得到合理满足，这是天经地义的事情。任何人只要存在于这个世界上，他就天然拥有获得正当需要满足的基本权利。任何压抑人类本能需要得到合理满足的东西，都是不正义、不道德、反人性的。如果这种权利不能通过正常方式获得满足或者被他人任意剥夺，他就有权进行抗争。这是人之为人必不可少的自然权利，也就是所谓的"天赋人权"。

但是，从人的现实生存与发展来讲，肉体本能的满足应当是有一个合理限度的。一旦超出这个限度，它就会失去其本来具有的正当性。况且，任何人如果以"天赋人权"为理由，纯粹听从自己本能的召唤，完全让感觉和欲望支配自己的所有行为，那么,事实上他就不是一个真正具有精神世界的人,充其量也只能算是个人形动物而已。因为这样的人不具有任何可以将其称之为"人"的本质属性。

与此同时,常识告诉我们,人的肉体需要的满足不是自足的。为了维持肉体的生存与发展,人必须向外部世界获取所需的物质、能量和信息。因此,满足需要的行为必然会引起与外部世界的互动关系。在文明的人类社会里,这种互动关系必须遵循一条非常重要的公共原则:每个人的正当肉体需要都有应当得到满足的权利,同时,每个人都没有因满足自己的权利而侵犯他人权利的权力。如果为了满足自己的权利而试图侵犯他人的权利,那么,这就是自私自利、损人利己。这是不应当、不道德的。具有这种思想意图的人,他的精神世界里必然包含着恶的倾向。显然,这条公共原则已经超出了与人的物性相关的"绝对命令"或者"天条"的界限,牵涉到了人的精神世界或人的本质问题,从而进入到了一个人类伦理价值判断的领域。

人之所以能成为人,是因为他不但清楚地知道自己需要什么,需要到何种程度,而且还知道应当如何去满足自己的需要,知道为了满足自己的需要而采取的行为,将会给自己与外部世界带来什么样的后果。但这只是第一步,它仅仅说明人是有意识、有思维判断能力的。而这还远远不够。

第二步是要在此基础上,对满足自己肉体需要的各种可能进行选择。这种选择不再仅仅以本能为原则,而必须兼顾自然法则、自然伦理、社会公共伦理与法律。如果说满足需要是为了自我,那么,做出合理的选择就既是为了自我,也是为了他者。

第三步,一个人能够做出合理的行为选择可能出于两种基本的原因:一是出于外部世界的相关约束与压力而被迫遵守和适应,他不得不做出这样而不是那样的选择。因为有理智的人都知道,如果不这样做,他就可能会因为需要的暂时满足而受到某种不愿接受的惩罚。讨厌和害怕惩罚是人的本性。因为讨厌和害怕惩罚而约束自己的行为,这是人类走向文明的一根拐杖,也是形成人的优良本质的一个起点。二是出于内在精神或良知的自觉而自律。如果说人在成长过程中,心中开始有个"我",是人的精神世界诞生的标志,也是人的本质初始形成的标志,那么,在满足个人需要欲望的时候,心中开始有个"他",则是人的良知或者优良品质开始形成的标志。当人意识到满足自我需要,可能会涉及外部世界并对"他者"的权利产生影响,因而在内心生发出"既应为自我着想,又应为他者着想,推己及人,自利利他是完全应当的"这样一种理念,且能够以此理念为指导,以适当的方式理解和处理自我与他者之间关系的时候,表明人已经从纯粹由本能支配的动物状态中超越出来,作为真正意义上的大写的人,堂堂正正地挺立于天地之间了。在这样的前提下,对满足个人需要作出合理选择的动机就不再是因为无奈和恐惧,而是出于具有崇高倾向的品德和良知。这种崇高的倾向,就是人从动物界中站立起来,向着人性的山顶攀登的倾向。有着这种崇高倾向的人,其本质就是良善而高贵的。在公民社会中,一个人因为害怕惩罚而做出合理的行为选择,他就是一名能够勉强遵守公共规则的合格公民;因为良知与自律而自觉自愿做出合理的行为选择,他就是一名品德高尚的优秀公民。倘若能够在自律的基础上再进一步,自觉地用自己良好的思想和行为去影响带动他人的时候,他就成了一名模范公民。

四、需要与贪婪

　　人性的独特结构,使人拥有了其他一切生命形式所没有的巨大优势,因而成就了世间最了不起的生命。同样,人性的独特结构,也决定了人性存在着致命的弱点,因而使人呈现出令人困惑的面貌。

生命的存在本身是一个熵与负熵相对抗的过程,生命组织的有序化与无序化相对抗的过程。所有的生命形式要想维持生命的存在,必得与外界进行不间断的物质、能量和信息的交换。如果因为某种原因而无法实现这种交换,生命就会死亡。因此,吐故纳新、新陈代谢既是所有生命形式的存在方式,也是所有生命与生俱来的致命弱点。人也不例外。

从这个意义上说,人有本能和欲望并希望通过获取外界资源而得到满足,既符合天理,也符合人道,不存在对与错的问题。所以,我们在前面说过,在这一点上没有任何伦理价值判断的余地。但是,在现实生活中,由于客观环境与条件的不同,有些人的欲望往往会超出正常需求的范围而恶性膨胀。当他们恶性膨胀的欲望通过正常途径无法得到满足时,便有可能不惜采取损人利己的非常方式和手段来达到目的。我们把这种个人欲望恶性膨胀的现象称为人性的贪婪,更准确地说,贪婪是人放纵自己将本能欲望无限放大以至恶性膨胀,永不满足地追求与索取本不应当或本不必须属于自己的各种事物的精神饥渴状态。网上有一个视频短片,片名叫《人性的黑洞》。这个短片用寓言的手法,非常生动形象地刻画出了一个人欲望恶性膨胀时的贪婪状态。

从生命存在的基本规律来看,动物本能都是有限度的。我们看那些非洲草原上的狮子,一旦吃饱喝足,就会对在它身边转悠的各类动物视若无睹,毫无兴趣。虽然我们也能看到某些动物有储存食物以备不时之需的行为,但那仍然没有超出满足本能需要的范围。因为食物具有天然保质期,一旦变质就会失去作为食物的效用。所以,储备过多的食物显然没有意义。这就自然限制了动物对食物占有的欲望。人也一样。人的本能需要同样不是无限度的,只要达到一定的程度,本能需要自然就会呈现出满足状态。比如吃喝拉撒睡,比如传宗接代活动,等等,概莫能外。在一定时间内,人吃饱了就不想再吃了,喝足了也就不想再喝了,睡醒了也就不想再睡了。人的性活动也是如此,即使再贪色的人,也要受到体力的自然限制。由此可见,人的本能或天性受自然规律的限制或"天条"的管制是自然而然的事。

但是,人究竟不是一般动物。人与动物很不同的一点是,人的欲望存在着有意识地突破自然限制的倾向。比如说,人吃饱了,他还会希望营养更丰富全面一些,这样就会更有利于身体的健康;食物的色香味形更好更美一些,以使人的感官能获得舒适愉悦的享受。不过,这种需要仍然受自然限制的。科学和经验都充分证明,人对食物营养的需求并非多多益善。人吃得太多了,太好了,既不令人舒适,也不令人愉悦,而且肯定会对健康起反作用。天之道是"损有余而补不足",谁吃得太多太好了,老天就会损他,让他难受,让他生病,让他吐出来。因此,从吃饱到吃好,是欲望的升级,但这样的升级在自然法则的作用下还是会适可而止的,大体上还是能够顺应天之道的。虽然人的欲望在精神因素作用下,已经开始表现出膨胀的苗头,但尚未达到恶性膨胀的程度,因而还算不得贪婪。

很长一段时间,我以为人的贪婪应该源于人的物性,是人的本能催生了人的贪婪欲望。人之所以会有贪婪之心,可能只是因为人有比其他动物更多、更强烈的本能需要而已。但是,当我后来深入人的精神世界,分析了人类欲望本身以及相当多贪婪实例以后才发现,真正的贪婪远不是仅仅为了满足人的本能需要那么简单。古代皇帝为什么一个人就要占有三宫六院七十二嫔妃,还有成千上万的宫女?当代某些贪官污吏为什么动辄占有数以千万计的不义资财?有些人为什么会有远远超出肉体本能需要界限的奢侈心、虚荣心?所有这一切,用人的物性都是解释不通的。事实上,贪婪的根源深藏在人的精神世界中。贪婪起因于人的精神世界的自我异化,是一种病态的精神取向。贪婪者所患的是恶性精神饥渴症。正是这种精神病症,导致人丧失了人之为人的本质属性,退化为动物甚至连动物都不如,以至最终使人堕入毁灭的深渊。

人的贪婪之心应该始于"我"的观念产生之后。有了"我"的观念,也就有了"私"的观念。我们不能断言,贪婪已经成为人性的生理遗传基因。那会有"性本恶"之嫌。我不赞成人"性本善"或"性本恶"之类的说法。况且"我"或"私"的观念本身并不存在善恶问题。只有当"我"或"私"的观念趋于恶性膨胀的时候,它才成为一种恶的精神倾向。然而,我们也必须看到,经过多少万年的传承,贪婪早已以某些固有的方式成了人类的文化基因,代代相传,几乎影响到了生活于现实社会中的每一个人。当然,这并不代表每个人在现实生活中一定是个贪婪之徒。因为既然贪婪之心是人在后天形成的一种精神取向,那么,它也是可以通过人对自我的精神世界的改变而将其克服的。这种改变的过程,就是一个人的精神修养的过程,精神境界提升的过程,也是人性与人的本质优化向上的过程。宗教倡导修行之人要清心寡欲,党和政府要求公职人员廉洁自律,在这一点上异曲同工,都是为了提升人们的精神境界,让人在花花世界面前戒除贪婪之心,回归本真状态。

五、崇高与堕落

在现实生活中,为了不受到他者无谓的伤害,人们会在与人交往过程中,有意无意地采取各种方式,对交往对象进行必要的了解。这种了解,开始的时候可能只是停留在一些表面现象上。

随着交往的深入,最终会在心里对他作出某种判断,确认他是一个怎样的人,然后决定对其采取何种交往态度或策略。这是正常状态下认识一个人的基本过程。

从理论上来分析,可能还需要更细致一点。

对人的本质的认识和判断首先是一个科学认知问题,即确定某人是否具有人的本质,这是一个最基本的认知与判断。有的人由于先天或后天的因素,虽然拥有正常人的身体,却没有正常人的精神世界,例如天生的白痴或严重脑损伤的植物人。这样的人,从生物学意义和法律意义上说,他们也是一个人,因而同样拥有最基本的人权,他们的生命也要受到法律的保护。但从人类学意义上来说,他们确实缺乏人之为人的最根本属性,因而不可能具有人的本质。所以,从伦理或法律的角度,社会对他们就不能用正常人的标准去衡量和要求。

然后再进一步,对人的本质的认识和判断还是一个伦理价值问题。因为在确定某人具有人的属性与本质的基础上,还必须对他拥有何种人性与人的本质进行基本的认定与判断,即要对某人的本质作出"好坏"或"善恶"等价值区分。这才是认识一个人的基本目的。这种价值区分从认知主体来看,有的是来自于自我的认定,有的则是来自于他者的认定。来自于他者的认定,往往由于他者主体的多样性及其价值标准的多样性,而对同一个人形成不同的评判结论,有时候甚至可能是截然相反的结论。不过在通常情况下,多数人的或者权威者的评判对个体的影响会更大一些。这种认定与评判,对个人的生存与发展来说具有重大的现实意义。尤其一旦产生某种主流社会评判结论并形成社会舆论,就会对人以后的生存与发展态势构成一定程度的影响。但这种影响并不是决定性的。对人生命运真正具有决定性影响的是来自于人的自我认定。如果个人的价值标准与社会主流的价值标准是一致的或基本一致的,那么,他就有可能将社会认定内化为自我认定。然后按照社会主流价值标准去坚持或改变自己的思想和行为，以适应和满足社会的要求，为自己的生存和发展争取一个更为有利的外在环境。如果个人的价值标准与社会主流的价值标准是不一致的，那么，他就有可能置外在认定和评判于不顾，表现为其思想和行为就是我思我愿，我行我素。在这种情况下，外部环境就可能不利于个人的生存与发展。

在现实生活中，用"好坏善恶"为标准来区分人的本质，似乎并非一个理想的好办法。因为当人们进行这样的区分时，其中究竟包含着多少理性与科学的成分，是很难说清楚的。在许多情况下，人们往往更倾向于以非理性的方法来作出判断，特别是对人的第一印象尤其如此。更为糟糕的是，"第一印象"在对人的认识中偏偏又占有十分重要的地位。一旦有了第一印象，有了先入为主的成见，要再改变看法就会显得相当困难。

不过，我们又必须承认，用"好坏善恶"为标准来区分人的本质，的确是一个简单有效的办法。面对无数极其复杂的现实个人，用这个办法容易对人作出明了的基本判断。他是一个"野兽"还是一个"天使"，或者他变得更像一个"野兽"还是更像一个"天使"？有这样一个判断在人际交往中是非常重要的，在发展自我的过程中也是非常重要的。

当我们说人应该"认识你自己"的时候，首先就是意指对自我的"好坏善恶"要有一个基本的判断。每个人都有义务审视自己的精神世界，认真反省自我：究竟是物性更多一点，还是神性更多一点？真善美的东西更多一点，还是假恶丑的东西更多一点？是更像野兽一点，还是更像天使一点？是变得越来越像野兽了，还是变得越来越像天使了？甚或是更愿意做野兽，还是更愿意做天使？对自我的审视与反省，既是自我认定的前提，更是确定自我发展的人生取向问题。

对所有的人来说，人生取向有两个潜在的基本维度：崇高与堕落。崇高是一种道德取向。崇高就意味着人的精神发展维度倾向于远离动物界,意味着要自觉地克服自己身上的物性或兽性,使自己向着精神境界的高处走,因而变得越来越像一个富有智慧、顶天立地的大写之人。堕落则正好相反。堕落意味着人的精神世界的矮化与萎缩,意味着人身上的物性或兽性在滋长,人性日渐趋向单薄与鄙劣,因而变得越来越像一个唯有本能、没有智慧的动物。

观察我们身边的人群,不得不承认,并非所有的人都具有崇高的意愿和人生取向。因为,崇高的人生取向,必然牵涉到"舍得"问题。"舍"与"得"是对每个人的人性和本质的根本考验。崇高当然会有"得",即人性的获得和积聚。在崇高倾向的指引下,人对精神世界的追求日益胜过对物质的贪婪欲望,人的内在精神修养会不断得到提高,人的自由和幸福感会越来越强。但是,因为崇高而获得人性是有前提条件的,这就是在"得"之前,首先需要有一种"舍"的意识。要勇于舍,乐于舍,而不是苦于舍。舍什么呢? 舍去对他者进行过度索取的贪婪欲望。在满足生存和发展必需的前提下,个人欲望的舍去越多越好。这就是老子说的"为道日损"。做人必须讲究为人之道。为人之道,不就是要将人的精神世界中所有"非人"的东西尽量舍掉吗?

物有物性,人有人性。物循天道,人循人道。天道是自然之物必须遵循的法则,人道是人类及其个体必须遵循的法则。但人道与天道并不是截然分开、完全不同的。因为人首先是自然的儿子,是自然的有机组成部分,所以人首先要遵循天道,而不可以违逆天道。从根本的意义上说,人道应当就是天道。天道无情,顺我者昌,逆我者亡,没有什么商量的余地。天为人立法,人必须依法而行。逆天而行,无异于自取灭亡。

人又不同于纯粹的自然,人有思想、有智慧、有精神世界和精神力量,所以,人又不是完全被动地存在于自然界之中。通过对自然和自我的认识，人在学习天道、遵循天道的基础上，还主动地为自己立法，并以此来约束和支配自己的行为。这个法，就是每个人内心世界的价值准则。人的本质正是取决于这套内在的价值准则。这也是人之所以具有敬畏感的内在原因。虽然，人类所立之法与自然之法是否一致，一致到什么程度，一直都是一个严重的问题，而且至今仍然远远没有解决。但人类的这种努力和尝试是永远不会停止的，这是由人的神性所决定的。具体到人的个体，人用什么样的方式、途径和手段去遵循自然之法来保证自己的生存和发展，意味着个体有没有为自我立法，立的是什么样的法。人为自己立法，是人试图掌握自我命运的一种努力和尝试，目的是为了使人类更好地生存与发展。人能够为自己立法，是人正在超越自然的一种伟大的象征。

上述关于"我是谁"的问题的讨论，给了我们一个十分重要的结论：如果我们不愿意做野兽，又成不了天使，那么，我们剩下的唯一可能就是要成为人。然而，重要的问题并不在于是否要成为人，而在于如何成为人，成为什么样的人。是成为近乎"野兽"的人，还是成为近乎"天使"的人？成为自由自觉的人，还是成为被奴役被压迫的人？成为崇高的人，还是成为堕落的人？成为人模狗样的人，还是成为真正意义上的人？

这才是我们每一个人最应该去思考的问题。

第三讲 人生理想

　　在一个"金钱拜物教"盛行、消费主义泛滥的社会里，许多人都在忙于挣钱，忙于算计，忙于功利，忙于享受，谈论人生理想成了一件相当奢侈的事情。虽然"中国梦"的口号很时尚、很流行，但在有一部分人的心目中，所谓"中国梦"无非就是金钱梦、发财梦。在他们那里，人生理想只与"孔方兄"有关，与个人实惠有关，而与国家、民族无关，更与灵魂崇高无关。于他们而言，离开金钱，理想就是一个空洞无物的东西。他们那可怜的灵魂已经被金钱绑架了。经济繁荣昌盛、精神空虚迷惘，财富不断增加、幸福感却逐渐失落的不良征候，正在使人们变得日益焦虑不安。我们到底要不要人生理想？我们需要什么样的人生理想？我们怎样去实现自己的人生理想？认真讨论这些问题，对于我们每一个人来说，从来都不是一件无关紧要的事情，因为它与我们的个人幸福和整个民族的真正复兴直接相关。

一、源自灵魂深处的生命神光

"理想"一词最初来源于古希腊,意思是人生奋斗目标。在中国古代典籍里,理想称为"志"。它是人类特有的一种精神现象,是人的意识活动的重要内容,是人的本质的核心组成部分,是人区别于其他存在物的根本标志之一。理想是人在对社会和自我现实及其发展规律认识基础上,以理性精神对人自身及其外部世界发展的未来愿景作出的超越现实的一种观念构思和精神设计,体现的是人对美好未来的想象、向往和追求。

人生理想则是人对于自我未来的美好想象,是对生命目标的自我期许,是对生命过程的总体谋划。它体现的是自我对生命和生活的根本目标和根本态度,是人生观、价值观的集中体现和核心内容。人生理想内含着三个根本性的问题:"我最想做什么? 我想成为一个什么样的人? 我想拥有一种怎样的生活?"

人生理想具有一系列基本特征。

首先,人生理想是人所特有的关于人自身未来生存状态的个性化想象。它具有强烈的个人主观色彩。人与人之间在精神世界上的根本差异之一,就是不同的人常常会具有不同的理想。例如,有人把建功立业当作人生理想;有人把升官发财当做人生理想;有人把不劳而获、花天酒地当作人生理想;有人把努力工作、献身社会当做人生理想。无数的人生经验告诉我们,人的这种关于未来的个性化想象,对一个人的成长方向和生存样态具有极为重要的意义。可以说,一个人有什么样的理想,就会有什么样的人生,不同的理想抱负,决定着不同的人生发展方向和最终成长为一个什么样子的人。

其次,人生理想是基于理性精神的严肃认真的合理化想象。

理想是个性化的想象,但它绝不是无来由的、空虚玄幻的、天马行空式的、非理性的空想、幻想或梦想。空想、幻想或梦想脱离客观现实,无视事物发展规律,它只是一种随心起舞的浪漫情思。而理想却基于现实而又超越现实,是逻辑与历史的统一,主观意志与客观现实的统一。它建基于理性的思考,以必然性为依据,符合自然、社会和自我的历史发展趋势与规律,不但有明确的未来目标,而且对实现目标的途径和力量有可靠的现实根据,是经过努力完全有可能实现的美好愿景。梦想是浪漫轻松的,在梦想的天空里翱翔是自由而舒适的;理想是科学沉重的,在理想的道路上奋斗是严谨而艰辛的。

再次,人生理想是超越现实、面向未来的审美化想象。理想发端于对现实的不满和批判,实现于对现实的改造和超越。对现实的不满和批判是人生理想产生的直接原因。伴随着对现实的不满和批判,人们的内心会涌现一种改变现实、超越现实的强烈渴望与诉求。它会将现实中所没有的,而人却认为应当有的美好东西加诸未来,从而使其呈现出令人愉悦和向往的面貌。它是人对自身命运的期待和关怀,寄托着人生最美丽的希望与憧憬。因此,理想在本质上是一种追求真善美的意识,具有鲜明的审美特征。

人生理想具有复杂的系统结构,它是一个多元化、多维度、多层次、多类型、多功能的体系。

从理想的主体来看,人生理想是多元化的。理想是属人的。人是各不相同的。不同的人就会有不同的理想。不同的人生理想决定着不同的人生目标。不同的人生目标决定着理想的不同性质。人生理想有个人理想和社会理想两个层次。个人理想是处于社会关系中单个主体的理想,因而表现出丰富多元的个性。社会理想是社会群体的共同理想,它是以某种意识形态的面貌对社会现实与未来作出的更广阔、更深刻的反映。个人理想是社会理想的起点与基础,而社会理想则是个人理想的集中与升华。

从理想的内容来看,人生理想是多维度、多层次的。理想的多维度包括社会理想、道德理想、职业理想和生活理想等。这四个方面相互联系、相互影响、相互制约。人生理想的层次性是由人的需要的层次性决定的。终极理想是人生的最高理想,阶段性理想是人生某一时段的具体理想。

从理想的性质来看,人生理想是多类型的。崇高的人生理想表现为将自我与民族、国家以至全人类的和平、幸福与解放融为一体,并将其作为自己一生奋斗的根本目标。这样的人胸怀广阔,目光远大,不甘现状,不甘平庸,具有强烈的进取意识,热爱创造性的生活,崇尚利他主义,愿意为了公众的利益牺牲自己的个人利益直至生命,富有悲天悯人的高尚情怀和不计私利的献身精神。平凡的人生理想表现为立志不在高远,不去刻意追求某种高于常人的宏伟目标,从大众、随大流,满足于平安、平淡、平静的普通生活,更多地关心日常生活细节和个人利益,但不以伤天害理为能事。卑劣的人生理想则仅以个人的狭隘私利和物质享受为唯一目标,信仰纯粹的物质主义和利己主义,崇尚骄奢淫逸的生活方式,为了满足个人的欲望和私利,可以无视和践踏任何法律、道德与人性,损害任何他者的利益与尊严,不择手段,没有底线,无所敬畏,为所欲为。

从理想的作用来看,人生理想是多功能的。人生理想是源自灵魂深处,照亮人生前程的那束生命神光,为人生定位导航。人生理想在哪里,人生之路就通向那里。人生有理想,生活才有目标;有目标,所有的努力奋斗才有价值和意义。人生理想又是生命的发动机,是激励人生努力向上的最深层、最强大、最持久的内在原动力。人生有理想,生活才有希望;有希望,生命之火才会熊熊燃烧,永不熄灭。人生理想还是批判现实与自我的参照系。对于每一个人来说,现实生活都不是完美无缺的,总会感到有某些束缚生命自由的因素限制着我们的生存与发展。所以,现实生活在任何时候都不可能是真正令人满意的,人们总希望能够生活得比现实更好一些,自我能够发展得更完美一些。这种不满既可以是物质因素引起的,也可以是精神因素引起的。不满的结果必然导致对现实生活的批判与反思。批判与反思显然需要有一个高于现实的参照系。这个参照系就是我们的人生理想。用理想之光来照耀现实与自我,对现实与自我的不合理、不完善之处才能看得更为清楚深刻,对现实与自我的批判改造才有更为清晰准确的目标。

二、"夸父逐日"神话的启示

我国古籍《山海经·海外北经》中,记载着一个"夸父逐日"的神话故事:"夸父与日逐走,入日;渴,欲得饮,饮于河、渭;河、渭不足,北饮大泽。未至,道渴而死。弃其杖,化为邓林。"传说远古洪荒时期,在北方生活着一个勤劳、勇敢、善良的巨人氏族。有一年,天气奇热,太阳肆虐,庄稼烤死了,树木晒焦了,河流干枯了。许多族人因为受不了炎热而纷纷死去。氏族首领夸父看到如此悲惨的情景,心里难过极了。为了不让更多的人受苦受难,为了族群的生存,他发誓一定要捉住太阳,让太阳只为大家带来光明与温暖,永远不再以炎炎烈日为害人间。于是,他迈开巨人的步伐,朝着火热的太阳拼命往前追。追了几天几夜,终于就要追上了。太阳越来越近,也越来越热。他感到非常口渴,就跑到黄河、渭水去喝水。可是,黄河、渭水都喝干了还是不解渴。于是,他又想跑到北方的大湖去喝水。可惜,没等赶到大湖,他就渴死在了路上。临死之时,夸父因为未能实现自己的宏愿,心里充满了遗憾与悲伤。他牵挂着自己的族人,为他们未来的命运而担忧。他想最后再为自己的族人们留下点什么。于是在生命弥留之际,夸父用尽最后的力气,将自己手中的木杖扔向荒野。就在这一刻,令人惊叹的奇迹发生了!木杖飞过的山野之间,顿时长出了一片片郁郁葱葱的桃树林!正是这些桃树林,后来拯救、荫庇了夸父的族人和后裔,使他们得以躲过烈日之害,继续在这片土地上繁衍生息。

夸父逐日的故事,虽然只是神话传说,但它所内蕴的崇高理想及其带来的神奇力量,却对后人具有永恒的启示意义与激励作用,是我们中华儿女世世代代永远的文化记忆。夸父是一位有着崇高理想的远古大英雄,他的人生理想绝对不是为了一己私利,而是完全为了他的族群、为了人类的自由与幸福。他追赶太阳的动机和生死不忘族群的情怀是那么纯粹、那么高尚,他不畏艰险、不惧死亡、追求生存自由的勇气是如此豪迈、如此壮烈,即便自己将要死去,所思所行仍然是要庇护人间、造福后代。真的非常非常了不起!我们不妨试想一下,假如没有一个崇高的理想,夸父会去逐日吗?假如夸父逐日背后没有一个崇高的理想作支撑,我们还会认为那种近乎疯狂的举动是英雄行为吗?绝对不可能!正因为他的内心有一个拯救子民、保护族群、追求自由的人生理想,他才会作出牺牲自我的无私选择;正因为拥有这样一个崇高的理想,夸父才成就了自己不朽的人生,才成了我们中华民族心目中的英雄,他的故事才能千秋传颂、万世流传。

在夸父逐日多少万年后的今天,却常常有人质疑理想对于人生的意义。他们问我:"人为什么要有理想?没有理想不也活得好好的吗?"可是,我不知道他们有没有想过,什么叫作"活得好好的"?"活得好好的"标准是什么?"活得好好的"是不是也算一种人生理想?显然,这个质疑里面包含着一个深刻的逻辑矛盾：他们一方面认为人生不需要理想，另一方面却又用与理想相关联的"活得好好的"来显摆自己的生存状态。他们为什么不说"活得坏坏的"、"活得糟糟的"？道理很简单，没有哪个精神正常的人会愿意自己活的"坏坏的"、活得"糟糟的"，而总是希望自己活得"好好的"。"好好的"总是比"坏坏的"、"糟糟的"更好一些嘛。而且，"活得好好的"本身就是一种人生理想，而且是一种非常高级的人生理想。甚至我们可以说，人生的最高理想就是"活得好好的"，人类的最高理想就是让所有人都能"活得好好的"。

　　人都想"活得好好的"，说明人都有向往和追求美好生活的理想。那些标榜自己没有理想却自觉"活得好好的"人，其实并非真的没有理想。人们在这个问题上的差别，只不过是对怎样才算"活得好好的"有不同的理解与尺度罢了。

　　人活得好不好，这个问题看似简单，其实相当复杂。因为"活得好不好"与"幸福不幸福"一样，是一个主观色彩极强的问题。由于人的生活方式、生活状态、生活信念、生活取向和价值标准各不相同，对此问题，千万个人就可能有千万个答案，大家各有各的追求，各有各的标准，各有各的"活得好好的"。有些人的答案看起来好像土得掉渣，在别人眼里也许根本不值一提，但对当事人来说，却可能是他梦寐以求的理想与渴望。有些人的答案，对于某个人群来说，显得极为平淡无奇，但对另一个人群来说，却是那么高不可攀。例如，有些人觉得只要吃饱穿暖就是"活得好好的"了，有些人则认为非得钟鸣鼎食才算"活得好好的"；遭遇过不幸的人，觉得平安无事就是"活得好好的"，而有些人却感到不死命折腾它几回就不算"活得好好的"；对于疾病缠身的人来说，只要身体健康就是"活得好好的"，而有些人则认为没有大富大贵那算什么"活得好好的"？如此等等，不一而足。

　　然而，无论对于"活得好好的"理解有多么不同，人们对自己那份美好理想的期盼却完全相同。动物没有理想,因为它们不会对自己的生存状态进行价值评价,不会反省自己生活得好不好,不懂得什么叫美好,所以不会有超越当下、追求未来的想法和冲动。人是活在理想与希望之中的。一个人有理想、有希望,才会去追求"活得好好的",而不像其他动物一样只是满足于自然而然地活着。没有这种追求,人的精神支柱就会坍塌,就会找不到自己生命存在的意义和理由,也就摆脱不了忧郁、无聊和悲凉的情绪,人的生命就会堕落到与其他动物同一个层次。唯有人生理想,才能使人找到精神归宿。有了理想,心灵才会踏实充盈,心绪才会宁静安详,才不至于因为没有精神家园而四处漂泊流浪。所以,鲁迅先生说:"人类总有一种理想,一种希望。虽然高下不同,必须有个意义。"正因为我们拥有对于未来的美好希望与追求,才显现出自己当下努力奋斗的意义与价值。法国大作家雨果也曾说过:"人有了物质才能生存,人有了理想才算得上生活。你要了解生存和生活的区别吗?动物生存,而人则生活。"人是理性的动物,不应当把自己贬低到普通动物的层次。人所具有的精神能力,足以让我们对自己当下的生存状态进行自觉的反思,并在此基础上为自己的未来树立起一个理想的标杆——我应当活成什么样子或者说我应当拥有怎样的生活。

虽然有人认为理想是虚无缥缈的,不能当饭吃,不能当衣穿,不如金钱、地位、权力、名望来得实在有用。但事实上,人的本质决定了人是一个理想的动物。在现实生活中的人或人在现实生活中,都是离不开人生理想的。有理想,才有真实的人生。理想就像人生的太阳,为我们的人生道路照耀出一片光芒与希望,为我们走向自由、实现自我提供方向与能量,从而使我们的生命变得更有意义、价值、激情与色彩。有理想的人,无论是飞奔还是蜗行,他都在向着自己的既定方向前行。虽然他也要停下来看看人生道路上的风景,但他绝不会因此而止步不前,更不会在迷人的风景中迷失自我。

人之所以要有理想，是因为人需要拥有一个独立的自我世界，需要拥有生命的自由。人倘若没有理想，他的自我世界便是不完整的，他的灵魂就是残缺不全的，他在本质上只能是一个没有自由的被奴役的人。没有理想的人，意味着他不知道自己是谁，不愿意思考自己想成为一个什么样的人。这样的人没有主体意识，没有独立人格，是尚未从自然界中超越出来的非真正意义上的人。这样的人犹如没有前进方向的航船、人生道路上的瞎子、无处投胎的孤魂野鬼，是不可能拥有真正的生命自由的。因为没有理想的人无所用心，是生活在必然王国里的人，自然与社会的宿命支配着他的一切，无所谓好也无所谓坏，无所谓价值也无所谓意义。他的生命状态就是漂泊流浪，虽然有时也会四处狂奔，可不知道自己要奔向何方，看起来很自由很潇洒，其实很盲目很危险。

生命的自由与美好蕴含在生命的理想之中。拥有理想的人总是怀着一种趋向美好的思想冲动，只要理想在，生命的力量就在，自由与美好的希望就在。人有所希望，生命才有所美丽。理想能使人的精神如花一般灿烂怒放，可以驱散所有的人生阴霾，可以使平凡的生命活成一个瑰丽的传奇。而一旦丧失理想，希望变成了绝望，自由沦落为奴役，生命的内在力量就会消失。因此，人不能没有理想。尽管人在生命旅途中少不了雨雪雷电、风刀霜剑，但理想的美好总能使我们在黑暗中看到光明，在挫折中仍怀希望。理想能赋予我们忍辱负重、风雨兼程往前奔的神奇力量。虽然我们明白，为实现理想而付出的代价可能会耗去我们的整个生命，然而，一旦我们认定它是值得我们毕生为之努力奋斗的美好事物，我们就会像飞蛾扑火、夸父逐日一样，甘愿牺牲自己的一切，前赴后继，虽九死而不悔。

三、皇宫里的人与茅屋里的人

人生是一个不断成长的过程。我们的身体和精神，都会随着岁月的流逝而变得日益成熟起来。与人的成长相伴随的是家庭、社会和时代环境的改变。人的环境和人的本质的改变，又必然会影响并规定着人的理想境界的改变。人在贫穷潦倒的时候，也许温饱就是他的美好理想。一旦温饱解决以后，更高的理想目标会应时而现。况且，这个世界上的人那么多，人们的生存状况和精神世界也是千差万别，人们对未来的理想自然也是五花八门、千变万化。

从外在的因素来看，不同的生存环境、社会地位、财富状况以及受教育的程度等因素，都有可能成为人生理想差异产生的原因。我们可以想一想，一个锦衣玉食的人与一个饥寒交迫的人，他们对于未来的想法会有多少交集呢？"住在皇宫里的人与住在茅屋里的人，想的问题是不一样的。"这句话多少还是有些道理的。

从内在因素来看，人们的文化素质、认知结构、世界观、人生观、价值观的不同，是导致人生理想差异性的深刻思想根源。为什么即使在同样的生存环境下，不同的人还会形成不同的人生理想？就是因为个体的精神世界是有差异的。我们看到太多这样的例子：同样是富人，有人想的是如何利用自己的财富去拯救这个苦难的世界，而有人却想着怎样能从别人那里剥削更多的钱用于自己挥霍；同样是穷人，有人盼的是挣钱发财出人头地，而有人想的却是怎样才能改变这个不合理、不公平的世界。

说起人生理想，我就会想起小时候的事情。那时，老师问孩子们长大以后想做什么？我们就会说，长大了要当科学家、老师、医生或者战斗英雄等。这样的回答当然会得到老师的肯定与夸奖。如果有孩子说，将来我要当老板赚大钱，老师就会认为这样的理想很狭隘、很自私。可是，在今天这个时代，我们问孩子们有什么理想，他们可能会理直气壮地告诉你，长大了要当歌星、影星、球星、大老板、大官，要做富人、贵人、名人、人上人。难道就没有想当科学家、老师、医生、工人与农民的吗？有的孩子会不屑地回答："我妈妈说当老师太辛苦!""我爸爸说当医生太可怕!""我阿姨说傻子才当科学家!""至于当工人和农民，那个也太没出息了吧!"

为此，许多人常常感到困惑：为什么时代不同，理想的差异会那么大？以至有些上一辈的人忍不住会数落下一辈的人，喜欢说我们那时候如何如何，你们现在如何如何。其实，如果从历史发展的角度来看，时代不同了，理想有差异，这也是正常的事情。我们完全不必用太苛刻的眼光去看待如今孩子们的理想。充满激情的革命英雄主义时代与推崇享受的和平消费主义时代，人们的理想大相径庭，这在全世界都是一个模样。不同时代的人，理想目标看起来似乎迥然相异，但实际上内在的理想精神是相通的，无非是大家都想过上好日子，人生能够有所成就，活得自由自在。只不过随着时代的变迁，理想的具体目标和载体以及对它的评价标准也变了。对于上一辈人，我们必须学会容忍和接受这种变化；对于下一辈人，则应该好好思考，这种变化究竟是福还是祸。

即使在同一个时代，我们也应当接受理想的多元化。我们倡导并鼓励年轻人确立崇高的人生理想，赞赏大家把人生理想定位在为国家、为人民建功立业，做民族精英、国家栋梁的高度上。但是，我们不得不承认，在任何一个时代，任何一个社会，远不是所有的人都能成为英雄的，普普通通的平凡人永远是绝大多数。所以，我们同样也应该认可年轻人把人生理想定位于踏踏实实、简简单单的生活，做一个普通人物、平头百姓。

再作退一步想，其实崇高的理想和平凡的理想之间也没有什么不可逾越的鸿沟。比如，某人立志要做一个挺立在时代巅峰的英雄，其人生理想不可谓不崇高。但此人的父母也许就是个非常普通的农民，他们从未想过自己要成为英雄或者把孩子培养成为英雄。他们的人生理想也许就是宁可自己苦一点、累一点，也要把孩子平平安安地带大，希望他平平安安地过一辈子，最好比自己过得好一些。这是无数为人父母者再平凡不过的人生理想。可我们能说这样的人生理想不够崇高、不够伟大吗？当然不能！从这个意义上说，我们大可不必说自己的人生理想太卑微，不够远大，不够令人羡慕。如果所有人都能踏踏实实、简简单单地生活，做自己喜欢做的事，过自己喜欢过的生活，不损人利己，不危害社会，这个世界不也挺美好吗？

当然，有一点我们必须明白，虽然每个人都有追求理想的权力，但并不因此意味着每个人所追求的理想都具有正当性与合理性。比如，有的人把人生理想建立在损害他者与社会的基础上，这样的人生理想当然不具有正当性、合法性；有的人生理想虽然具有正当性、合法性，但它未必具有合理性，也就是说可能不具有现实可行性。这样就会在个人的人生理想与他者权利、社会利益之间，在人生理想与实现条件之间构成一种矛盾与张力。如果我们意识到了这种矛盾与张力的真实存在，此时此刻，就不应当再执着于"坚持理想永不放弃"之类的迂腐观念。"坚持"或"放弃"都是相对的，而不是绝对的。我们所要的人生态度是坚持对的、好的，放弃错的、坏的。要知道，在人生道路上，千百次的错误努力抵不上一次正确的选择。人生理想决定着人生的方向和结局。方向错了，一错百错。人生理想不正确，人生之舟就会迷失方向、偏航触礁。所以，在对理想与现实进行再三权衡的基础上，重新选择理想目标，从而在自我与他者、个人与社会、理想与现实之间找到一个新的平衡点,这是在人生理想问题上必须有的科学态度。

理想总是高于现实的,因此,归根结底,人生理想应当是具有崇高性的。理想更是有境界的,只有那些超越自我、超越物欲,尊重他者、献身社会,动机纯正、目的高尚的人生理想才是崇高的。

俗话说:"人往高处走,水往低处流。""人往高处走",表达的就是人生在世要有一种崇高的思想倾向或者崇高的精神境界。也就是说,无论我们身处何时何地,都应当向往高级、高尚、高雅、高明的生存状态,都应当追求真诚、善良、丰富、美好的精神世界,都应当努力做一个真正意义上的大写之人。我们判断人生理想是否崇高,并不取决于一个人想做什么工作或从事什么职业,重要的是他为谁而做,为什么而做,怎样去做,做成什么样子,他对自己所做的一切是否有终极关怀。因为只有当一个人有了终极关怀,有了"人往高处走"的精神境界,才能真正明了自己人生的目的意义之所在,从而无私无畏、无怨无悔地献身于自己所热爱的事业。这样的人生理想自然也就具有了崇高的意义。明白了这个道理,不管我们将来从事什么职业或工作,都能把它与自己的最高理想联系起来,并以自我的存在和努力,在为人类的服务中实现自我的价值,在与他者的同一中变得圆融无碍,从而获得身心的自由与解放,最终过上一种有尊严的、真善美的生活。

需要注意的一点是,我们固然要有人生理想,但千万不可把人生理想化。误把理想化的人生当成人生理想,把人生设计得十全十美,以至根本没有任何实现的可能性,那就未免有些幼稚可笑,其结果必然是在现实生活中四处碰壁,给自己带来无穷无尽的困惑与烦恼。因为人生理想的实现除了主观努力之外,还需要具备许多客观条件,必须考虑理想实现的现实可能性。脱离实际、不顾客观的人生理想,很难真正起到激励人生的积极作用,反而可能把自己的人生搞得一团糟。

四、去看山顶上的风景

有理想才会有雄心,有雄心还要有行动,行动必须有力量。理想、雄心、行动与力量的结合,方能改变社会、完善自我。有理想而没有雄心,有雄心而不采取行动,有行动却缺乏力量,这样的理想等于空想。所以,任何人要实现自己的人生理想,从主体角度来审视,雄心、行动、力量三者缺一不可。

有理想才会有雄心。雄心是实现理想的勇气与信念,是一种英雄主义精神。任何理想的实现,都是需要付出代价的。理想越崇高,代价越高昂。最崇高的理想,必得付出最高昂的代价。这是人间铁律。所以,要实现自己的人生理想,需要有足够的勇气与坚定的信念,需要有一点英雄主义精神。如果是懦夫,不会有雄心,崇高的理想自然与其无缘。如果没有坚定的意志与信念,就会经不住幸运之神的诱惑,受不了挫折、痛苦、困境、失败的打击,最终背叛自己的理想与信仰。真正拥有崇高理想的人,往往具有强烈的英雄主义情结,他们为了实现自己的理想,勇于奉献,不怕牺牲。那些为共产主义事业无私无畏、前赴后继的共产党人就是现代革命英雄主义的光辉典范。

有雄心还要有行动。行动是通向人生理想境界的唯一真实途径。我们谈理想,不能流于坐而论道,而是要起而行道。理想是用来践行的,不是用来仰望和欣赏的。崇高而平凡的理想也许离我们很近,只要努努力就可以实现;崇高而远大的理想则可能离我们很远,它不是举手可摘的桃子,而是远在天边的亮丽星辰,那就更需要我们在理想光芒的照耀下,脚踏实地步步前行。

有理想的人永远有做不完的事,没理想的人永远有睡不醒的觉。生命只有干出来的精彩,没有等出来的辉煌。然而,知难,行更难。真正的人生理想绝不可能在轻松谈笑中得以实现。无论多么远大的人生理想,多么伟大的人生事业,都必须从细微处着手,从平凡处做起。"不积跬步,无以至千里;不积小流,无以成江海。"实现理想,除了义无反顾地一路向它走去以外,没有什么别的可以指望。人们赋予理想的一切美好,都潜藏在我们的每一个行动中,落实在前进的每一个脚印下,蕴涵在每一滴辛勤的汗水中,埋伏在每一次痛苦的挣扎里。没有行动,雄心只是野心;没有行动,理想永远是梦想;没有行动,万般皆空。与其做梦,不如行动。

要行动必须有力量。主体的力量是实现理想的内在根据。一个没有力量的人拿什么去承担自己的人生使命?然而,力量从哪里来呢?我们是人不是神,所以,我们实现理想的力量不可能来自于天赐,只能来自于自身,来自于学习与思考。在实践中勤于学习、善于思考,是我们凝聚主体力量的不尽源泉。我们学习自然科学知识、社会科学知识,了解我们生存于其中的自然和社会的本质与规律,追求客观真理,为获得人生自由寻找智力支撑;我们学习各种各样的劳动和生活技能,以顺应和利用自然规律,掌握自由生存于天地之间的真实本领;我们学习人文知识,培育人文精神,领悟人的本质、人生使命以及人与人之间的和谐相处之道,为安身立命于人类社会建造一个美好的精神家园。通过学习与思考,我们成为拥有内在力量的行动者,并通过行动将自己内在的精神力量转化为外在的物质力量,从而达到改变现实、实现理想的目的。

世界上最强大的人是拥有崇高理想的人,他犹如被压在巨石底下的一颗美好种子,以自己顽强的生命力生根发芽,从石头缝隙里钻出来,争取享受阳光雨露的自然权利,获得生命成长、生活精彩的自由空间。有了这个伟大的生命理想,任何强大的自然力量都不能将其扼杀,任何艰难险阻都要为其让路开道。

世界上最快乐的事,莫过于为理想而奋斗。因为就在这个为实现理想而艰苦奋斗以至全身心付出的过程中,我们同时也能收获到无与伦比的幸福与快乐,欣赏到人生征途中云蒸霞蔚的万千气象,最终甚至可能登上人生之巅而有幸看到"山顶上的风景"。

第四讲 人生境遇

　　人生理想实现的过程,是一个努力奋斗的过程。就在这个过程中,我们每个人都会在各种各样的环境里,遇到各种各样的人,碰上各种各样的事。所有这些人或事,总会以各种偶然的方式与我们的生命不期而遇。以什么样的观念、态度和方式去应对这些人、事与环境,终究会有一系列与之呼应的结果相伴而生,最终构成一幅我们自己亲手描绘的人生轨迹与人生画卷。

一、我们都是境中人

　　我们是人不是神。凡人都是被上苍抛入世界的存在者。我们生命的起点,就是我们命运的起点。这个起点命中注定,无从选择。有的人生来命好,有的人生来命苦,这是没有办法的事。有人说,人生而平等。其实此话只说对了一半。从天赋人权的意义上说,人生而平等。但从先天条件与后天境遇的角度来说,人生而不平等。这也是许多人为自己的命运深感悲哀或荣幸的原始根由。从出生那天起，我们就身不由己地来到了一切都是既定的生存环境中。无论我们是否愿意，都不得不以此为起点，渐次展开自己的人生。

随着生命过程的展开，我们都会遇到许多人和事。这些人和事会不同程度地影响和改变着我们的命运。这就是所谓的境遇。境者，境况也。遇者，遭遇也。境遇是指人在社会生活中所处的特定的时间与空间以及在这时空中所遇到的一切。无论境况还是遭遇，都离不开特定的时间和空间。在某个时间点或时间段里，于某个空间环境中，许多的人与事，风云际会，相互激荡，在各种偶然因素共同作用下，汇合成为影响我们生存和发展的外部条件。

境遇是客观存在的，它如影随形、不离不弃地伴随着我们人生过程的始终，是我们每个人生存和发展的基础与前提。它既是人们从现实的此岸通向理想的彼岸之间的海洋或鸿沟，又是联通此岸与彼岸之间的舟楫或桥梁。虽然人生境遇可能各不相同，但我们无一例外都是境中人，在境遇中充当某个社会角色。每个人的生命之花，都会随着时空的转换，在变幻不定的境遇中孕育、绽放、枯萎、消亡。

作为境中人，我们既是被动者，又是主动者。我们来到人世间，总是必须一次又一次被动地面对和应付一个个陌生而复杂的境遇。这些境遇有的让人欢欣鼓舞，有的让人失望沮丧，有的让人惊恐不安。我们又总是不满足于既有的境遇，总想着运用自身的力量，去主动地与命运进行较量和抗争，试图改变并创造一个更有利于自己的生存环境。不管这种较量与抗争的结果如何，成也好，败也罢，我们只能吞下属于自己的那枚果子，承受和品尝包含其中的美好与丑恶、幸福与痛苦、艰辛与快乐的人生百味。就在这种常常令人手足无措的、随时流变的境遇中，我们不断地变换着被动者与主动者的角色，追求着我们的人生理想，实现着我们的人生价值,上演着一幕幕或动人心魄,或平淡无奇的人生活剧。

二、顺境与逆境

人的生命过程中,能够拥有许多的欢乐与幸福,例如天真无忧的童年、灿烂如花的青春、幸福美满的家庭、辉煌成功的事业。如果春夏秋冬,鸟语花香,一路走来,顺利通达,没有大的坎坷和挫折,无须承受恐惧与焦虑,物质生活衣食无忧,人际关系和谐融洽,人生前程光明灿烂,从而使人的心理、情绪、思维、行为均处于舒适正常的良好状态,这样的人生境遇我们称之为顺境。

然而,真实的人生之路不太可能时时处处都会鲜花盛开,幸运之神也未必有耐心始终陪伴着我们走向天堂。俗话说,"人无千日好,花无百日红","天有不测风云,人有旦夕祸福"。从生到死,谁也不知道会有什么样的坎坷与磨难潜伏在自己的前程中。家庭的贫困,升学的不顺,求职的受挫,工作的艰难,失恋的打击,家庭的不幸,疾病的痛苦以及自然灾害的袭击,人生历程中种种坎坷多难的境遇,随时都有可能让人体验到无奈、无助、伤心、焦虑甚至恐惧的感觉,使人的身心备受压抑、折磨与伤害,这样的人生境遇我们称之为逆境。

试问世人,有谁不想"六六大顺"、"八八大发"、"九九大贵",一生吉祥,万事如意?谁希望在通往未来的道路上,非得像唐僧师徒那样,经历可怕的九九八十一难?可惜愿望非常美好,现实却残酷无情。正如俗话所说,"人生不如意者十之八九"。真实的人生就像一只航行在茫茫大海中的小船,不可能总是一帆风顺。在漫长的旅程中,人生有时会处于风平浪静的顺境中,有时又会处于惊涛骇浪的逆境中。颠簸起伏本来就是人生的常态。

对此，我们几乎没得选择。好在人们虽然无法决定自己的人生境遇，却可以决定自己对待处境的态度。不同的处境态度，又可以决定各自人生的走向与结局。

顺境本来是好事。顺境中的人生，就像顺水行舟，"风正一帆悬"，"两岸猿声啼不住，轻舟已过万重山"；就像骏马奔驰在草原，春风得意马蹄轻，一马平川功业成。所以，倘若能在顺境中顺势而为，便可使我们的人生与事业如虎添翼，得乘风破浪之功。但如果我们处境的心态或方法不对，却完全有可能在无意之中将顺境转为逆境，好事变成坏事。特别对于那些缺乏生活磨炼、意志不够坚定的人来说，顺境特别容易使其丧失勤奋节制、努力进取的美德与勇气，养成自私自恋、缺德少能的无良习气，在得意忘形中不断自我放大人性的弱点，变得越来越嚣张任性、卑劣狂妄，从而将原本天时、地利、人和的顺境，亲手化为充满怨毒的逆境，最终活活断送自己的美好前程。这样的鲜活事例，我们从现实生活中的那些贪官污吏和某些"官二代"、"富二代"身上屡屡可以看到。

同理，逆境本来是坏事，它使人经历苦难、遭遇坎坷，为了成功与幸福，不得不承受比别人更大的压力，作出更多的牺牲，让人感到生活沉重而艰辛，就像长江三峡边上的纤夫，逆水行舟，不进则退。正因为如此，一些相对脆弱的人，常常被逆境中的生活折磨得筋疲力尽，遍体鳞伤，以至被生活风浪无情地吞没。

但是，逆境只能毁掉弱者而不可能打败强者。一个拥有崇高理想和坚强意志的人，世界上没有什么力量可以将其打败。打败自己的往往不是他者而是自己。人之一生，经历一些艰难困苦、挫折失败的逆境原是平常之事，是人生成长不可缺少的一环。逆境本身并不可怕，可怕的是当我们面对逆境时，心里没有定力与斗志，只有埋怨与恐惧，要么一味逃跑回避，甘当懦夫；要么总想坐享其成，堕落为懒汉。例如，现在有些女孩子在找对象时,喜欢找一些所谓的成功男士,把房子、车子和票子当作结婚标配,如果没有这些,结婚免谈。为什么?无非就是要享受,怕吃苦,什么都有了,也就用不着去辛辛苦苦地奋斗了。

可是,我们静心想一想,这样的顺境真的一定靠得住吗?这样的生活一定会比别人更有安全感和幸福感吗?为什么有些年轻人更愿意选择小两口从一无所有开始来构筑自己的生活呢?因为他们懂得,依靠辛勤劳动亲手创造的生活,更容易构筑起夫妻笃厚的情感,创造生活的过程也是构筑情感的过程,通过自己的劳动去创造自己想要的生活,那才是真正的生活。

世路风霜,正是炼心之境;世情冷暖,恰如修行之资。如果我们以平常心去对待生存逆境,以勇气与智慧去化解生存逆境,就不但不会成为逆境的牺牲品,反而会把逆境变成一块磨刀石,磨砺出人性的锋芒,激发出潜藏于自己内心深处的高贵、善良与美好的品性。"宝剑锋从磨砺出,梅花香自苦寒来";"艰难困苦,玉汝于成";"自古磨难出英雄"。这些励志名言告诉我们,只有与风雨相伴走过来的人,才有机会见到人生天空中绚丽的彩虹。

放眼中外,纵览古今,在逆境中进德修业、成才成功的例子不胜枚举。美国的爱迪生,小时家贫,生活困顿,且身有残疾,但这一切并没有使他灰心丧气,反而更加勤奋地学习研究,终于成了一个伟大的发明家。英国的史蒂芬·霍金,是一个中枢神经残疾者,肌肉衰退,行动不便,有手写不了字,有脚走不了路,有口说不清话,只能终生瘫坐在轮椅上。但他却凭借着超人的毅力与智慧,在天文学领域里辛勤耕耘,写出了《时间简史》等世界名著,功成名就,世人赞誉,成了当代公认的了不起的物理学家。德国的贝多芬,患有耳聋之疾,却以惊人的毅力,创作了震撼人心的交响乐作品。美国的海伦·凯勒双目失明,在黑暗中写出了《假如给我三天光明》这样"世界文学史上无与伦比的杰作"。还有那位长着一对"小鸡腿"的美国残疾人力克·胡哲,以其特有的坚强与乐观,克服了常人难以想象的困难,成为无数年轻人的励志偶像。

在我国古代,诸如文王拘而演《周易》,左丘瞽而有《国语》,孔子潦倒成《春秋》,屈原放逐作《离骚》,孙子膑脚修《兵法》,司马迁宫刑撰《史记》,蒲松龄落榜写《聊斋》,曹雪芹食粥著《红楼》,还有勾践卧薪尝胆、苏武西域牧羊、玄奘历难取经、岳飞精忠报国,等等,都是在逆境中高扬不屈的生命意志,淬炼勇毅坚强的超凡人格,写就千古流芳的不朽篇章,成为"穷且益坚,不坠青云之志"的生动范例。

至于现当代,以毛泽东主席为杰出代表的一代真正的共产党人和仁人志士,更是以钢铁般的意志,在逆境中艰苦奋斗、流血牺牲,开创了光辉的革命事业。在民主革命时期,为了摆脱帝国主义列强的侵略和欺侮,拯救我们的民族和国家,他们怀揣对真理的坚定信仰,对祖国和人民的无比热爱,在几近令人绝望的危境中,凭着"一不怕苦,二不怕死"的革命精神,硬是在黑暗中杀开一条血路,建立起了人民群众当家做主的社会主义新中国。在社会主义革命和建设时期,为了让我们国家重新以繁荣强大的形象屹立于世界,为了让人民能够过上富裕文明的幸福生活,他们又担当起中华民族伟大复兴的重任,在一穷二白、百废待兴的基础上,顶住帝国主义国家一直以来对新中国的重重封锁与打压遏制,克服了世人难以想象的无数困难与矛盾,独立自主,自力更生,披荆斩棘,奋发图强,终于成功摸索出了一条前无古人、史无先例的社会主义发展道路,使我们国家势不可挡地崛起在世界东方。在他们身上,我们看到了一个民族的坚挺脊梁和阳刚之气,也看到了最为璀璨的人性光芒。

从无数古今事例中,我们可以悟出一个人生哲理:顺境与逆境对于每个人来说并非一成不变,不同的人生信念、态度与处世方法,可以导致顺境与逆境的相互转化。如果不懂得珍惜和利用,顺境可能变成逆境;倘若富有勇气、毅力与智慧,逆境也能成就辉煌。这是顺境与逆境的辩证法。

三、物境与心境

再进一步去领悟上面的道理,我们发现,顺境与逆境的辩证法,还跟物境与心境的辩证法相关联。

顺境与逆境都是与人相关但又独立于主体之外的人生境遇,其存在与变化均有客观必然性。我们把这种外在的具有客观必然性的人生境遇称为"物境"。顺境逆境,皆属物境。

生存于物境之中的人,在与物境交互作用当中,周围的物境总是会在人们的心里形成某种映射,从而使人获得对物境的感知,并产生相应的心理反应。我们把这种由外在境遇在个人内心映射的基础上产生的心理反应,或者说人的内心世界对外在物境能动反映而形成的精神状态称为"心境"。

同样的物境对于不同的人来说,其形成的心境可能会很不一样。

每一个人都可能会有过这样的切身感受:当我们心情大好的时候,感觉周围的一切都是无比的有趣而美好;而在我们心情很糟的时候,感觉周围的一切都那么无聊而糟糕。

那么,同样的物境为什么会在不同人的精神世界里形成不同的心境呢?这是因为每个人的世界观、人生观和价值观是不一样的。

人的世界观、人生观和价值观构成了每个人特有的意识结构或认知图式。由于意识结构或认知图式的不同,意味着人们的思想维度与思维方法也不同。这就导致外部事物通过我们的感觉器官进入我们的意识结构以后,其意识加工的过程与结果也可能大不相同。

拥有正确的世界观、人生观、价值观,具有正常的感知能力、思维能力和科学的逻辑思维方法,依靠丰富的科学知识与人文知识,我们就能对外在的物境从时间和空间、历史与现实、局部与全局、自我与他者等多个角度、多个层面,进行冷静客观而不是情绪化的系统思考,从而获得相对正确的认识。以此为基础,我们就能对物境与自我的关系进行比较合理的分析、判断与选择,最终形成有利于对物境作出积极反应的良好心境,从而在内心世界凝聚起一股强大的正能量。

与之相反,如果我们的世界观、人生观和价值观是畸形扭曲的,感知能力、思维能力是不健全的,思维方法是不科学的,知识内容与结构是有欠缺的(甚或连某些最基本的常识都不具备),心理状态是不健康的,遇事容易作出情绪化反应的,那么,我们就不可能对物境进行冷静的分析、正确的思考和恰当的判断。由此而形成的心境肯定具有消极的特征,在内心世界中积聚起来的,也会是一种颓废的甚至是具有破坏性的负能量。

这就是所谓的"物随心转,境由心生"。

人有悲欢离合,月有阴晴圆缺。此事古难全。人生不可能处处是顺境,也不太会永远是逆境。一个有智慧的人,无论身处何种境遇,都能保持良好的心境,心平气和,达观睿智,内心充满正能量,以积极而冷静的心态去应对。

人生在世,最能体现人生大智慧与大气度的莫过于"知几"。什么叫"知几"? 知几的意思是说,凡事皆有先见之明,处事善于把握时机,进退收放灵动若水,时时处处依道而行;该拿起时能拿得起,达则兼济天下;当放下时能放得下,穷则独善其身。我们在顺境或逆境中具有怎样的心境,想通了无非一个如何看待进退得失的问题。如果我们能够懂得进退得失之道,做到进依道,退亦依道,当进则进,当退则退,那么进是好,退也是好;得有道，失亦有道，那么得是福，失也是福。这便是所谓的"知几近乎道"。知"道"之要，依"道"而行，我们方能掌控自己的人生命运。

当我们身处人生顺境得意之时，在事业上大可乘风破浪直挂云帆，抓住机会施展抱负，以实现自我价值，造福社会他者。但我们还须牢记古人"高处不胜寒"、"得意莫忘形"的忠告。人当富贵时，更要看淡富贵；身在高位时，为人尤须低调。富贵未必是福，低调方显智慧。人生得志，千万莫做小人，要有君子之风，待人接物宜抱真诚、谦恭、敬畏之心，由衷地放低身段，夹紧尾巴，用心做事，小心做人，言有尺度，行有分寸，如临深渊，如履薄冰，切不可自我感觉太好，骄横跋扈，趾高气扬，否则终至物极必反，招来横祸，无端辜负了命运的眷顾。

当我们身处人生逆境失意之时，自怨自艾，自暴自弃，将一切归咎于命运捉弄的心境自不可取。但不看形势、不讲策略、蛮干乱拼，真的以为只要敢拼就会赢，那也是愚人之见。激流勇进、奋发图强，勇气固然可赞可嘉；然而激流勇退、休养生息，有时也不失为明智之举。俗语说得好："留得青山在，不愁没柴烧。"逆境当前，倘使不宜强进硬取，不妨暂且藏锋敛神，反躬自省，以求养深积厚，蓄势待发，借石磨刀，寻机再来。

在为实现人生理想而奋斗的征途中，我们很难随心所欲地去控制自己所处的物境，但一定可以充分发挥我们的精神力量，以努力控制和调整好自己的心境。就算我们达不到宠辱不惊、去留无意的高远境界，也应该想通成败顺逆乃世间常态的道理，故而尽量以理性之心待之。

在这个世界上，有许多事情是我们拒绝不了也左右不了的。在我们没有能力去随意改变这个世界之前，我们需要做的就是整理好自己的心境，放下一些本就应该放下的心灵包袱，平静地接受自然与社会馈赠给我们的一切。学会"放下"与"接受"，是我们人生必修的一门功课。放下对物质的过度欲望，放下对虚荣的孜孜以求，放下对许多身外之物的太过执着；接受生命的生老病死，接受生活的贫富得失，接受事业的成功失败，接受成长的外部环境，接受上天赐予我们的出身、相貌和天赋……喜欢也好，厌恶也罢，当背负的沉重包袱让我们难以承受时，当那些无法抗拒的东西已经来到面前时，自觉地放下，平静地接受，也许就是最好的选择。什么时候学会"放下"与"接受"了，表明我们的心智也真正成熟了。

在对待物境问题上，我很欣赏那种"来者不拒，去者不追"的心态。因为世间一切事物的发生，都有其内在的必然性。来的总是要来，去的终归要去，硬挡也挡不住，强留也留不牢。所以民间俗语才说："是福不是祸，是祸躲不过。"对于已经发生的一切，无论好的还是不好的，我们都心安理得地坦然接受，来者迎之，去者送之。倘若能够这样，那么即使身处逆境，我们也仍然可以拥有一份超尘洒脱的心境。

说到这里，也许有人会心生疑问：这不是"宿命论"吗？其实不是。我不赞成"宿命论"。"宿命论"意味着在命运面前，人们只能消极以对，逆来顺受，放弃自己的理想与追求。可是一旦放弃了自己的理想与追求，我们不就成为任由命运摆布的奴隶了吗？因此，"宿命论"不可取。

有人会说，"谋事在人，成事在天"，"人算不如天算"，与命运抗争，那只是一场人与天的赌博，必定有输无赢。可我想，就算人生真是一场人天赌博，我们也不妨赌它一把，搏它一场。不赌不搏，我们摆定了就是命运的奴隶，赌一把、搏一场，兴许还有翻身的机会呢？再说，如果一切听天由命，那么我们人生的高贵意义在哪里？没有了拼搏，意义在无所作为中就被消解了，人的高贵性也就不见了，人与别的动物也就无所区别了。

有人说，人生就是一场寻找，为了寻找那个"真我"；而我说，人生还是一场抗争，因为只有抗争，才能找到那个"真我"。听天命，不抗争，"我"在哪里？"我"没有了。没有"我"的人生，就不是一个真正的、有意义的人生，肯定也不是我们想要的人生。在与命运搏斗的过程中，唯有"我"字当头，人生意义方在其中矣。

因此，放下与接受，并不是要我们在物境面前无所作为。我们主张放下与接受，是因为某些东西如果固执不放，就会成为人生进路上的累赘与障碍；对于既有的物境如果拒不接受，就难以收拾心情重新上路。放下是为了舍弃包袱而后轻装上阵，接受是为了尊重现实再图有所作为。以诚心接受物境，冷静分析自我与物境的关系，厘清自己在特定物境中的优势与劣势；以智慧塑造心境，放下那些可以放下的，接受那些必须接受的；以勇气担当使命，拿起那些应该拿起的，尊天道而尽人事，与命运周旋抗争。只要尽心尽力了，无论结果如何，我们都能问心无愧、无怨无悔。至于最终的成败荣辱，就交给时间老人吧。

人是一种具有主观能动性的动物。人的心境虽然来源于物境，但却可以超越物境，反作用于物境，甚至可以改变物境。心境若好，物境也可能随之变好；心境不好，好的物境也可能变坏。顺境逆境，妙在心境。不同的心境会对自己的人生形成不同的认知，不同的自我认知又可以影响人生发展的方向和轨迹，决定人的生命状态和生命质量。有什么样的心境，就会有什么样的人生。所以，拥有一个良好的心境，无异于拥有一把开启人生成功与幸福之门的金钥匙。这就是关于物境与心境的辩证法。

四、"潜龙"、"飞龙"与"亢龙"

"潜龙勿用"、"飞龙在天"与"亢龙有悔"这几个成语，相信大家都不会太陌生。看过金庸武侠小说《射雕英雄传》的人都知道，这是"降龙十八掌"里非常厉害的招式。其实它们真正的出处是在《易经》当中。易经八卦的首卦是乾卦。乾卦以龙喻义，从"潜龙勿用"、"见龙在田"、"或跃在渊"，到"飞龙在天"、"亢龙有悔"，形象生动、活灵活现地描述了一条龙从小到大成长的全过程，以此隐喻我们的人生状态与过程。

人生的不同阶段，会有不同的境遇。外在的境遇变了，我们内在的心境也会发生相应的变化。但是，无论在人生的哪个阶段，无论身处顺境还是逆境，无论是"潜龙"还是"飞龙"，有三种心境是我们每个人在任何时候最好都应拥有的，那就是惜福、感恩和自律。

第一种心境是通情达理惜福分。

例如，我们今天上大学，有父母鼎力支持，有社会提供服务，有国家守护保障；我们的学校环境优美，生活方便，安全有序，宁静祥和，老师敬业，同学友爱；现代化的教学设施，高档次的实验场地，资料丰富的图书馆，宽敞明亮的阅览室，如此等等，但凡学习生活所需要的一切，我们几乎应有尽有了。我们生活在一个全新的时代，幸运之窗都为我们一一打开了。这是多好的福气啊！然而，倘若我们身在福中不知福，不知道利用顺境中的良好条件，努力去做应做之事，却在学校里游戏人生混日子，把大好光阴白白虚度了，数年青春，一无成就，岂不是太可惜了！我们应当让惜福成为人生的一种基本德性和心境。懂得惜福的人才会拥有真正的幸福。惜福的心境，会成为我们珍爱生命、珍惜生活的内在精神动力。

第二种心境是饮水思源知感恩。

在美国和加拿大有个感恩节。在我们中国，自古以来也有自己的感恩节——除夕。按照中华民族的传统习俗，每到除夕吃团圆饭之前，家家户户都要供奉酒菜、焚香烧纸、燃放爆竹，恭恭敬敬地拜天拜地拜祖宗。为什么？就是为了表示感恩。大地母亲无私供养了我们，阳光雨露照耀滋润了我们，列祖列宗开拓田园让我们有了安身立命之地。没有天地祖宗就不会有我们的生命与生活。对于天地祖宗,我们永远都要感恩戴德。所以,敬天敬地敬祖宗乃是天经地义的事情。很可惜,这样有深厚文化底蕴的民俗传统,其深刻的文化内涵在当今年轻人中已经少有人知了。"羊有跪乳之恩,鸦有反哺之义",动物尚且知道感恩,难道我们人类反而不知道吗?如果我们把父母、老师、同学以至社会和国家对自己的一切帮助,都当作是理所当然的事情,不知珍惜,不懂感恩,在快乐享受别人的劳动成果时,从来不想想自己能为别人和社会做点什么有益的事情,我们就会失去最起码的良知与道义,成为禽兽不如、忘恩负义的无良之辈。

第三种心境是自省自律不忘形。

一个人,倘若没有经历苦难与坎坷,已属人生之大幸;若得好风相送直上青云,更是鸿运当头令人羡慕。然而,我们也要知道,对于不同的人而言,人生顺境既可能是好风,也可能是毒雾。如果"好风熏得游人醉",或者"酒不醉人人自醉",那么,顺境中的花花世界,或许比逆境中的艰难困苦,更易迷乱人心、毁人前程,成就人的顺境也会变成埋葬人的坟墓。例如,有的学生高考之前很努力,高考成绩很优秀,在一片赞扬声中如愿以偿走进了梦寐以求的重点大学。然而,进了大学以后,他却自以为人生已经成功了,不用再勤奋努力、进德修业了。明明还是一条需要潜心学习的"潜龙",却好像成了一条游戏人生的"游龙",结果学业荒废,"红灯"高挂,毕业无望,结局狼狈。在现实生活中,还有某些社会的幸运儿,看起来飞黄腾达、春风得意,"飞龙在天",威风八面,然而一旦他们到了无人能制、为所欲为的境地时,往往就会变成一条"高处不胜寒"的"亢龙"。《周易·象》曰:"亢龙有悔,盈不可久也。"做人能到"飞龙在天"的境界本来可喜可贺,然而,倘无自知之明,不懂自省自律,那么,"亢龙有悔"自得其咎,身败名裂、乐极生悲的可耻下场便是可以预见的。孟子讲,做人要"穷不失志,达不离道",要"得志,泽加于民;不得志,修身见于世"。其实,人生在世,穷与达真的很无常。如老子所说:"祸兮福之所倚,福兮祸之所伏。"因此,做人做事不管做到什么份上,始终不能忘了"我是谁"。但凡得意忘形迷失自我的人,迟早会被时间老人打回原形的。

五、怨妇、懒汉与战士

一生平安,万事如意,也许是人们对自己人生最美好的期盼与祝愿了。然而美好的愿望终究不能代替残酷的现实。"人在家中坐,危机四面来。"谁敢保证今天春光明媚,明天不会风刀霜剑?正所谓世事难料,人生叵测。逆境往往就在人生最顺之时,突然从天而降,让人措手不及。

遇到逆境是人生的不幸,没有人会真正喜欢它。但既然逆境的出现与个人的意愿无关,那么是不是喜欢也就没有任何意义了。重要的是,一旦逆境出现,我们应该如何去面对它。是在逆境中沉沦,还是在逆境中奋起?这是对身处逆境中的每个人的严酷考验。

当人们面对逆境时,往往会表现出三种不同的心态。第一种人,遇到困难与挫折,懦弱无能,手足无措,要么牢骚满腹怨天尤人,只怪老天不公平;要么坐困愁城自怨自艾,只怪自己运气太不好。这就是怨妇心态。第二种人,面对逆境,虽然没有太多的牢骚埋怨,但也是无所作为,不愿努力奋斗,只等天上掉馅饼。这便是懒汉心态。第三种人,骨头硬,勇气足,"吾志所向,愈挫愈勇",虽历尽苦难,却从不低头。他们富有理性,充满激情;胸怀理想,埋头实干;知难而进,勇于担当;不饮盗泉之水,不受嗟来之食;以坚忍的毅力铲平人间的坎坷,用生命的火焰照亮人生的前程;用深沉的智慧与不幸的命运作百折不挠的抗争,贫贱不移,威武不屈。这就是战士心态。

做怨妇、做懒汉,只能在逆境中沉沦;唯有做勇敢智慧的战士,才能从逆境中奋起。先哲有言:"天将降大任于斯人也,必先苦其心志,劳其筋骨,饿其体肤,空乏其身,行拂乱其所为,所以动心忍性,增益其所不能。"生活总是有不完美的一面,我们当然可以找到许多抱怨的理由;然而,生活也总是有美好的一面,我们同样可以找到许多不抱怨的理由。人生在世,苦难与挫折在所难免,理由很简单:因为我们在攀登人性之山,在走上坡路。所有的苦难与挫折,既是人生的敌人,又是成人、成才、成事、成业的垫脚石与催化剂。经受苦难与挫折,是人生进步必须付出的代价。能够战胜它、利用它,就能成为精神的富翁、人生的赢家。想想革命年代,井冈山和延安的那些勇士们,在枪林弹雨和饥寒交迫的逆境中,何尝有过低头屈服,因为苦难与挫折而放弃或背叛自己的理想和信仰? 再想想和平时期,以钱学森、李四光、邓稼先等为代表的一代代科技工作者,又何尝因为国家的一穷二白而沮丧,因为敌人的恶意封锁而放弃? 他们是逆境中的战士,是中华民族的英雄豪杰,是值得我们后人学习与景仰的典范。

人生逆境的极致是绝境。身陷绝境,无异于经受一场极度痛苦的地狱式煎熬和非人的折磨。上下无阶、出入无门、进退维谷、了无希望,那会是一种什么样的感受? 假如这种悲惨可怕的人生绝境真的哪一天不幸降临在自己面前时,我们该怎么办呢? 绝望、放弃、认命? 还是冷静、反思、找出路? 对于抱有怨妇和懒汉心态的人来讲,面对绝境无疑只有死路一条,而对于拥有战士心态的人,绝境并不一定意味着绝望,而是可能意味着重生。人在顺境时,通常不太愿意去追寻和思考人生的真相,反而置身于痛苦与黑暗的绝境时,倒有可能被逼着不得不静下心来,认真审视久已荒芜的内心世界,触及灵魂深处最隐秘的部分,理性拷问生命的本质,从而深刻领悟和体会人生的真味。更为奇妙的是,正是这种来自绝境中对人生的领悟与体会,最有可能激发出我们平时深藏不露的生命意志与思想活力,让我们在上帝关闭所有幸运之门时,亲手为自己打开一扇绝境逢生的命运之窗。水到绝境成飞瀑,人至绝境思重生。就像凤凰涅槃,浴火重生;又像化蛹成蝶,脱胎换骨。经过人生绝境的洗礼,人的整个精神世界会发生不可思议的变化。当我们跨越绝境再回首时,发现绝境已经成为一片无比壮丽的人生风景与一段惊心动魄的人生传奇。

第五讲 人生价值

　　关于人生,有很多问题经常会萦绕在我们的心头。我们两手空空来到这个世界,要做那么多事,吃那么多苦,遭那么多罪,承受那么大压力,又是奋斗,又是创业,有时感觉活得真是好累、好辛苦! 可到最后呢,却依然两手空空而去,什么也带不走。人活一世究竟为了啥? 我们为谁而活? 为什么而活? 在工作与生活中,为了表明对某人的看法,人们都要对他指指点点、品头论足。就算人死了,也要对其是非功过评价一番,来个盖棺定论,作为生者对逝者的最后交代。那么,我们为什么要作这样的评价呢? 评价的标准又是什么? 我们凭什么来区分人生价值的大小? 我们根据什么来认定人这一辈子活得值不值? 人要怎样活着才算有意义、有价值呢? 哲学家把所有这些问题统称为人生价值观。要回答清楚这些问题,可不是一件简单容易的事情。

一、灿烂星空与道德法则

德国古典哲学家康德曾经讲过这样一段名言："有两种东西，我对它们的思考越是深沉和持久，它们在我心灵中唤起的赞叹和敬畏就会越来越历久弥新，一是我们头顶浩瀚灿烂的星空，一是我们心中崇高的道德法则。"

依我理解，康德之所以对头顶的灿烂星空与内心的道德法则如此赞叹又敬畏，应该是基于对人类自身实际状况的深刻认识：一方面，面对宇宙的无限与神秘，感到人类是如此的无知、如此的渺小；另一方面，面对人以崇高道德法则规约自我的行为，觉得人类又是如此的智慧、如此的伟大。为什么这样说呢？因为，人虽然看起来只是宇宙中极其渺小的一种生命现象，但是，由于人具有智慧，智慧不但可以超越时空、趋向无限，而且还能反观自我，明了自我与他者的关系，并为自己在宇宙中的一切行为立法，在内心确立起崇高的道德法则，由此而超越一切既有生命现象，使自己进化成了迄今为止已知宇宙中最伟大的生命。人能够为自己立法，为自己确立崇高的道德法则，这正是人类智慧可以与宇宙本身之伟大相提并论的最好象征。我们不仅因为宇宙的浩瀚无限而赞叹和敬畏它，更因为宇宙居然能够从无机物中进化出伟大的人类智慧，使其成为宇宙的最美结晶而赞叹和敬畏它！宇宙与人类智慧本来就是一体的，赞叹与敬畏人类智慧也就是赞叹与敬畏宇宙本身。

我们为什么要把康德说的这个人类心中拥有崇高的道德法则，放到与宇宙相提并论的崇高位置？因为心中有了崇高的道德法则，犹如在人类的生命中植入了神圣的基因，使人类脱离了野蛮与蒙昧之境。它让我们知道了，为人处世什么是应当的，什么是不应当的;什么是可以做的,什么是不可以做的;什么是值得的,什么是不值得的。从而,人在精神世界中为自己确立了做人做事"当与不当"、"值与不值"的一整套内在价值标准,为自己的世俗行为筑起了一条不应逾越的精神底线和心灵堤坝,也为人生的意义和价值找到了最可靠的根据。正因为有了这样一套了不起的人生价值观,人类才能堂堂正正地挺立于天地之间,成为令人赞叹与敬畏的天之骄子。

为了便于进一步讨论与崇高的道德法则相关的人生价值问题,我们将不得不先从理论上阐述一下几个基本概念。

第一个概念是"价值"。一切事物皆有价值。但有必要说明的一点是,我们在这里说的价值概念,可不是经济学意义上的价值概念,而是哲学意义上的价值概念。这两者的内涵是有区别的。在经济学上,价值是商品的两要素之一,其内涵是指凝结在商品中的社会必要劳动时间。哲学上的价值概念则与商品无关,其内涵主要是指事物对人的有用性。这种有用性,我们又可以从质与量两个方面来认识。从质的意义上,价值可以区分为正价值、无价值和负价值。对人有用的是正价值,对人无用的是无价值,对人有害的是负价值。从量的意义上,价值又有大小之分,越是有用,价值越大。

由于事物的价值是对人而言的,所以,事物价值的性质与大小会因人而异。不同的事物对人具有不同的价值。如粮食具有营养价值,衣服具有保暖价值,房子具有居住价值,其价值性质各不相同。因为有些事物具有多种功能,所以事物的价值也会具有多样性。如衣服既可以有保暖价值,还可以有审美价值。同样的事物相对于不同的人,其价值可能不一样;即使同样的事物相对于同一个人,在不同的情况下,其价值也可能不一样。例如,一块面包,对于处于饥饿状态或营养不良的人来说,它可以充饥,可以补充营养,把它吃下去会有益于身体健康,因而具有正价值；但对于已经吃饱饭的人或已经营养过剩的人来说，它却是无价值甚或是负价值的，如果硬要把它吃下去，显然对身体不但无益反而有害。再进一步说，同样是这块面包，对于一个略微有点饥饿的人来说只是可以让自己吃得饱一点，与性命存亡关系不大；但对于一个因为饥饿而濒临死亡的人来说，它却可以救人一命。两者相衡，其价值大小显而易见。之所以举这样一些例子，是为了说明价值是一个比较复杂的概念，必须懂得对它作具体的分析。

第二个概念是"人生价值"。人生在世，既要面对自我，又要面对他者。在面对自我的时候，我们把人生的有用性理解为人生的意义；在面对他者的时候，我们把人生的有用性理解为人生的价值。人生意义与人生价值是人生有用性的一体两面。

我们曾经说过，人是一个意义性的动物，意义是人之所以能够维持生存和发展的内在支撑因素。只有当人意识到生存是有意义的时候，他才有继续生存下去的愿望与勇气；而当人无法为自己找到生存意义的时候，支撑生命和生活的内在支柱就垮塌了，人的生命意志也就崩溃了。那么，人生的意义从何而来呢？人生意义是一种纯粹的人类主观感受，它来源于人对自己的现实生命状态和人生理想之间关系的一种观照与判断。也就是说，只有当我们感受到自己的生命状态与自己的人生理想是相符合、相一致的时候，才会觉得自己的人生是有意义的，是值得过的。

人类的最高理想莫过于自由。追求自由的生活，是人生真正意义之所在。但自由是有境界的。不同的人所追求的自由境界是各不相同的。有的追求物质财富的自由，有的追求权力运作的自由，有的追求思想精神的自由，要而言之，人生自由包括三个基本维度：做我想做的事；过我想过的生活；成为我想成为的人。如果这三个方面的理想全都如愿实现了，想要的都要到了，人生就非常圆满了，那么我们就会觉得自己的人生是成功的、幸福的、有意义的，这一辈子过得值，没有白活。但在现实生活中，这样的情况太少了。人生大多会在某些方面无法如愿以偿，因而会在心里产生各种缺憾或挫败感。最为极端的情况是，有的人感到自己的人生命运总是被别的力量支配和奴役，过的根本就不是自己的人生，因此，对于自我而言，这样的人生毫无意义可言。而当一个人的无意义感发展到非常强烈的程度时，他就有可能走上轻生之路，选择用结束自己生命的方式来摆脱那种令人窒息和绝望的痛苦感觉。

人们追求人生理想的过程，也是形成人生价值的过程。人生价值是一个人的人生对他者的有用性以及他者对这种有用性的评价与回馈。人生价值包括社会价值与自我价值。社会价值是指个人在社会中的地位和作用，对社会承担的责任和做出的贡献。自我价值是指社会对个人努力和奉献的认可与回报，对个人需要的尊重和满足，表现为对自我生命存在和生存权利的肯定，对自己的生活目的和人生能力的接受与尊重。在人生价值中，责任与权利、贡献与索取、创造与享受是辩证的统一。无论要追求多么崇高的理想，我们首先得活着。任何一个人必须从社会中得到必要的物质与精神的满足，才能获得自我生存与发展的条件。同时，如果我们不想做一个可耻的寄生虫，那么，任何一个人都要对社会承担一定的责任，作出应有的创造和贡献，为大家共同的生存和发展提供不可缺少的相互支撑，并为自我的索取与满足提供合理合法的依据。这两个方面不可或缺，少了其中任何一个方面，人生价值都是不完整的。

第三个概念是人生价值观。人生价值观是人生观的核心内容，是人们对人生价值的根本看法。我们现在讨论人生价值问题，其实就是在表达我们的人生价值观。一个人的人生价值观是与他的人生理想、人生目的和人生态度联系在一起的，它是决定人生取向和人生态度的内在依据、准则和尺度,是驱使和调节人的一切行为的内在动力和心理基础,对人的行为选择具有决定性的支配作用。

人生价值观的关键词是"应当",它蕴含的主要问题是"我应当做什么?""我应当怎么做?""我应当做成什么样子?"当我们在谈论某人某事"应当不应当"的问题时,其实就是在表明我们的价值观念和价值选择。每一个具有正常理性的人,内心世界里都有一套自己的伦理道德准则。在需要对某件事情作出行为选择的时候,他会在预计某个行为对于自我与他者可能产生何种后果的基础上,用这套准则来权衡取舍,得出一个"应当"或者"不应当"的判断,然后决定采取怎样的行动,并且把握住行动的分寸。

一个人有什么样的人生价值观,必定会通过他的一系列行为态度表现出来;反过来,根据人的一系列行为态度,我们也可以大致判断出他有什么样的人生价值观。例如,当人们看到有人因为一时想不开要跳楼自杀,生命处在非常危险的状态时,他们将表现出怎样的态度?采取怎样的行动?救还是不救?怎么救?这对于周围的人来说,就是一次人性或人生价值观的考验。有的人可能会表现得无动于衷,当作没看见就走开了;有的人可能会袖手旁观,做一个事不关己高高挂起的无情看客;有的人可能不但不设法相救,还会使劲起哄刺激当事人,表现得非常冷血;而有的人则会想尽一切办法,劝慰开导当事人,积极行动热心施救。在这样一个事例当中,人性的善恶美丑可以表现得淋漓尽致。他们之所以对同一件事情表现各异,就是因为在他们内心对于"应当"或者"不应当"的问题拥有不同的道德法则,正是这些内心的道德法则支配着他们各自的外在行为。根据这些人的不同行为与态度,我们要判别他们各自具有何种人生价值观,应该不是一件很困难的事情。

为什么人们会有如此不同的人生价值观？因为人生价值观作为人们精神世界最重要的组成部分，不是先天就有的，而是在家庭和社会的后天熏陶下逐渐形成的，是随着知识的增长和生活经验的积累逐步确立起来的。在不同环境与条件下成长起来的人，比较容易形成不同的人生价值观。人生价值观一旦确立以后，便具有相对的稳定性和持久性，就会形成一定的价值取向和行为定势，除非在人生道路上经历了某种特殊情况，以至颠覆了原有的价值观，否则它是不会轻易改变的。

二、"小人物"与"大英雄"

人生在世，无论贫富贵贱，都有个价值问题。那么怎样的人生才算是有价值的呢？在当今市场经济环境下，以世俗的眼光来看，所谓有价值的人生应该是成功的人生。而成功人生的标准是什么呢？不外乎有房、有车、有权、有钱、有名、有地位，等等，拥有了这些，人生才算有价值，拥有的越多，价值就越大。然而，成功的人生与有价值的人生真的是一回事吗？20世纪最伟大的物理学家爱因斯坦曾经说过这样一句话："不要去尝试做一个成功的人，要尽力去做一个有价值的人。"爱因斯坦为什么要这样说呢？因为在爱因斯坦看来，成功的人生与有价值的人生显然不是一回事，它们之间是有区别的。例如，一个人立志要成为亿万富翁，最后他成功了，真的成了亿万富翁。但他的人生真的因此就有了价值吗？如果他的财富不是来自正当合法的辛勤劳动，不是依靠自己的智慧创造，而是来自贪污受贿、违法乱纪，那么，虽然他成了亿万富翁，成了某些人眼中的"成功人士"，但是，他的"成功"并不能证明他的人生是有价值的。恰恰相反，他所能证明的只能是一个耻辱的人生。再者，如果成为亿万富翁以后，一味沉醉于花天酒地、纸醉金迷、穷奢极欲的腐朽生活，而不愿意九牛拔一毛以利天下，那就更加无法证明他的"成功"人生有任何价值了。为什么？因为这样的"成功"范例，对于整个社会来说，不但没有任何积极的建设性作用，反而具有非常消极的破坏性作用。正是他们所谓的"成功"，毒化了社会环境，败坏了社会风气，扰乱了世道人心。容忍这种"不管白猫黑猫，抓住老鼠就是好猫"的价值观念在社会横行，必然会把人们导向"金钱万能"的价值陷阱中去。所以，这样的"成功"对于他者和社会一文不值。

那么我们究竟应该用什么样的价值标准来衡量评价一个人的人生价值呢？在一个开放的现代社会里，人们的人生理想、人生目的和人生态度日趋多元化，因而表现在人生价值观上也日益呈现出多样化的特点，衡量人生价值的标准自然也会各不相同。但从另一方面来看，人生价值观在很大程度上是可以通约的。分析各种各样的人生价值观，我们大致可以将其概括为两大类：积极的人生价值观和消极的人生价值观。

消极的人生价值观认为，人生价值在于不劳而获、坐享其成，在于拥有金钱权力、享受荣华富贵。这种人生价值观只关注个人，只关注自己得到了什么，只计较社会对个人的尊重和满足，却不在乎他人、集体和社会，不讲求个人对社会的责任和贡献，因而它是一种十足自私的、寄生的人生价值观。有一个十分浅显的道理告诉我们，社会满足个人需要是有前提的，那就是社会应当具有必要的物质基础。问题在于这个物质基础既不可能从天上掉下来，也不可能从地下冒出来，它是人们通过辛勤劳动一点一滴积聚起来的。只有每个人都努力为社会作奉献，社会才能有足够的物质财富和精神财富满足个人的生存发展需要。没有个人对社会的奉献，社会就无法满足个人的需要；个人对社会没有奉献，就没有资格向社会索取。从同代人来说，如果所有人都不讲奉献,只讲需求,都去向社会索取,今天你挖一块砖,明天他拆一片瓦,那么这座社会大厦很快就会轰然倒塌。从代际关系来说,我们每个人降生到世间,总是以前辈创造的社会财富作为自己生存的先决条件。同样道理,我们也有义务给下一辈人创造出更多的社会财富,以使下一代人来到世间时有一个更好的生存条件。如果每个人来到世间都是只有索取而没有奉献,那么社会何以延续下去?

与消极的人生价值观相反,积极的人生价值观认为,人生价值的本质主要不在于索取,而在于奉献。奉献是我们思考和评价人生价值的基本出发点和衡量人生价值大小的基本尺度。也就是说,衡量人生价值的标准首先要看一个人对社会是否有所奉献、有什么样的奉献,看他对社会是否尽心尽力、尽职尽责,决不能只看他占有社会财富的多寡或其名声地位的高下。人的社会性决定了人的社会价值是人生价值的基本内容。每个人从事的工作性质可以很不相同,能力可以相差悬殊,但只要我们愿意和曾经为这个世界创造价值,为社会做出自己应有的奉献,其人生就是有价值的,其内心的道德法则就是崇高的。倘能如此,当我们离开这个世界时,别人就会觉得我们为社会、为他者留下了一些有意义、有价值的东西;而我们自己则会获得一种"没有虚度此生"的欣慰和"世界因我而更美好"的自豪,从而充分体验到人生的意义感和幸福感。遥想当年,作为中国革命的最高领袖毛泽东同志,亲自为一位牺牲在最平凡岗位上的最平凡的烧炭战士张思德同志收殓遗体,亲自为这位普通战士召开追悼大会以寄托哀思,亲自为他做了题为《为人民服务》的悼词,让他留名青史。为什么?就因为毛泽东同志认为,张思德是为人民的利益而死的,所以他的死比泰山还要重,他值得我们学习和纪念。后来,毛泽东同志又为革命烈士刘胡兰题词"生的伟大,死的光荣",为雷锋烈士题词"向雷锋同志学习",同样因为刘胡兰和雷锋虽然都是"小人物"，但他们都是为国家、为人民的利益而牺牲的，干的都是服务于人民、有益于人民的大事业，因此都是"大英雄"。他们的精神是崇高的、不朽的，他们的人生是有意义、有价值的。

其次，衡量人生价值既要看物质方面的奉献，也要看精神方面的奉献。脑力劳动与体力劳动都是劳动，只是劳动方式不同，都是人类生存和发展所需要的，不存在高低贵贱之分。无论是脑力劳动者还是体力劳动者，他们的劳动及其奉献的成果，都值得全社会每一个人的尊重。工人和农民主要是体力劳动者，他们为社会创造了大量的物质财富，丰富和改善了我们的物质生活。与此同时，他们也用辛勤的劳动证明了自己是这个社会的基石和顶梁柱，是他们建起了人类社会大厦的物质基础，没有他们奉献的物质财富，就不会有我们的幸福生活。思想家、科学家等知识分子主要是脑力劳动者，他们虽然没有为我们直接提供物质财富，但通过脑力劳动，他们为人类创造了伟大的精神财富，为我们提供了精美多样的精神食粮，使我们能够在填饱肚子的同时，也能有一个充实的脑袋，有一个丰富精彩的精神世界。人的两重基本属性决定了人类生存与发展不仅有物质需求，还有精神需求。物质生活需要物质财富来支撑，精神生活需要精神营养来满足。所以，如果说工人和农民是人类社会大厦的基石和顶梁柱，那么，思想家和科学家们则是人类社会大厦的栋梁，是他们用脑力劳动架构起了我们这个社会的上层建筑。没有他们，人类社会的大厦就是不完整的；没有他们的思想成果和奉献，人类文明就不可能星火燎原、蓬勃向上。而且，物质财富可以计量，精神财富难以估量。人类历史上那些杰出的思想家与科学家们的先进思想和高尚行为，他们为探求真理、捍卫真理、传播真理勇于献身的崇高精神，他们在对自然、社会和人本身的探索过程中积累起来的思想财富，对引领和推动人类社会进步与发展的影响尤为深刻长远，因而具有特殊珍贵的价值，更值得我们尊敬与珍重。

再次，衡量人生价值还要看其对社会奉献的数量和质量。谁对社会奉献数量越多、质量越高，谁的人生价值就越大。人与人毕竟还是有区别的。先天能力的差异，后天努力的不同，都可以成为影响人生价值大小的重要因素。我们既承认人生价值在性质上的平等性，也认同人生价值在量上的差异性。我们对历史上那些伟大的、杰出的人物怀有特别崇高的敬意，就是因为他们为社会奉献了特别多、特别好的劳动成果，他们以自己的智慧和辛劳惠及了天下众生，造福于子孙后代；我们觉得劳动模范很光荣，也是因为他们贡献了比常人多得多、好得多的劳动成果；我们给那些国家建设与国防领域的领军人物颁发重奖，还是因为他们以自己特有的知识与能力，为我们整个国家的发展与安全做出了特殊的贡献。还有那些农业领域的种粮大户、工业领域的技术能手、医疗领域的医学专家、教育领域的优秀教师、科研领域的学术骨干、文艺领域的杰出人士，他们的人生价值确实高于常人，因而值得我们所有人感恩和景仰。

最后，人生价值之好坏大小，并非取决于自我评估，而是取决于社会历史的评价和认同。一个人，也许可以按照自己的人生意愿去演绎自己的人生历程，但与人生历程相伴而生的人生价值，却无法由自己随意论定。因为任何人的人生说到底不是孤立的，而是具有社会历史性的。我们不仅属于自己，也属于社会，还属于历史。每个人的所作所为，不仅决定着自我的生命状态和生命感受，而且也影响着他者的生命状态和生命感受，会对历史产生或大或小、或好或坏的作用。从这个意义上说，我们的每一次行为选择都负载着严肃的社会历史责任。也正因为如此，我们才说一个人的人生价值如何，社会历史才是最高裁判，最终取决于社会历史的评价和认同，而不是出于个人意志的主观臆断。无论何人，无论其是否愿意，他在人世间所做的一切，最终都要接受社会历史这位法官的无情审判，或流芳于世，或遗臭于人。所以，历史上但凡有点良知的人物，都会对身前身后事极为上心，希望自己生前的所作所为，能在死后留个好名声。文天祥一句"人生自古谁无死，留取丹心照汗青"，说的就是这个千古不易的人生哲理。例如，当今中国社会，有少数居心不良的奸徒，刮起了一股诋毁民族英雄的阴风。他们以貌似客观公正的立场，以历史虚无主义的态度，以"用细节否定本质"的小人手法，恶意歪曲历史事实，故意颠倒大是大非，抹黑那些用鲜血和生命为共和国献身的革命先烈，企图通过精心制造的精神雾霾，罩住高挂在人们心灵天空中的耀眼明星，颠覆人们的价值观念，瓦解我们民族自尊自信的精神基础。相信这些人应该知道江湖上有句名言："出来混，迟早是要还的。"此话虽糙，其理不粗。自古以来，多少历史人物的成败荣辱，已经无数次地证明了这个真理。一个人做了什么样的事，拥有什么样的价值，历史会以自己独有的方式给予臧否，是非善恶，一定报应不爽。这些无良文人，身为中国人，不为民族复兴、国家强盛出力，却以卑鄙无耻的手段干些攻击侮辱中华英烈的坏事，其行可恶，其心可诛！如若不能幡然醒悟，改弦更张，无论他们多么自以为是，历史老人一定会给他们的人生价值一个公正的评判。

三、在腐朽中堕落，在燃烧中升华

我们应当如何做才能实现自己的人生价值呢？人生价值的实现只有两种可能：或者在腐朽中堕落，或者在燃烧中升华。是腐朽还是燃烧，是堕落还是升华，全在自己的一念之间。如果我们期望自己在燃烧和升华中实现人生价值，那么就要向着自己设定的人生理想目标,在为他人与社会的交互服务中,以自己的智慧和努力,以踏实而平凡的劳动,向社会奉献自己的成果;以成熟、理性、坚定的人生信念,在每个今天的精彩故事中,度过自己无怨无悔的一生。

人是在确定和实现自己理想的过程中呈现人生价值的。现代社会的复杂多变,生活世界的动荡不安,使得许多人失去了对生活的坚定信念和美好向往,不再对人生的意义和价值确定无疑,怀疑主义、相对主义、非理性主义四处蔓延,泛滥成灾。然而,这一切又从另一个方面证明,身处现代社会的人们,从来没有像今天这样强烈地需要相对稳定的价值观念的支撑,需要在变动不定的世界寻求到一个安定的精神家园。因此,确立崇高的人生理想和人生目标,是实现人生价值的首要前提。

人生价值的实现从来就不是孤立进行的。我们只能在个人与他人、个人与社会交往的基础上,在服务祖国和人民的过程中,实现自己的社会价值;并以此为根据,从社会获取物质和精神的满足,从而实现自我价值。人生价值实现的过程,是一个奉献自我温暖他人,点燃自我照亮世界的过程。奉献社会是实现人生价值的基础和源泉。生命只有燃烧了才有价值,一滴水只有融入大海才能得以永生。虽然我们每个人的社会角色有不同,每个人的能力本事有大小,只要在有限的一生中对这个世界作出些许奉献,其人生价值就会得到真实体现。无论是老师培养了学生还是医生救治了病人,是建筑工人盖起了高楼大厦还是清洁工人美化了城市环境;无论是拯救了一个人的生命,还是给人带来了会心一笑,哪怕再平凡的岗位和工作,我们都能在为别人服务的同时实现自我的价值。爱因斯坦说:"人不仅是为自己而生存,同时也是为别人而生存——首先是为那样一些人,他们的喜悦和健康关系着我们自己全部的幸福,然而是为许多我们所不认识的人,他们的命运通过同情的纽带同我们密切结合在一起。我每天上百次地提醒自己,我的精神生活和物质生活都依靠着别人(包括活着的和死去的)的劳动,我必须尽力以同样的分量来报偿我所领受了的和至今还在领受着的东西。我强烈地向往着俭朴的生活,并且常为发觉自己占有了同胞过多的劳动而难以忍受。"正是如此崇高的人生价值观,支持着爱因斯坦在科学研究的领域中孜孜不倦地努力探索,为人类作出了如此巨大的贡献,也收获了全人类对他的无比崇敬与热爱,一致公认他为二十世纪最伟大的科学家之一。

　　实现人生价值,不要放过每一个现在。人生是一个过程,人生价值的实现也是一个过程。但是这个过程会在什么时候结束,我们谁都不知道。我们常常听人说,有的事虽然很想做,但是现在没工夫,等以后再说吧。我们总能为自己的等待找到各种各样的理由,总以为自己还年轻,还可以拥有无限的未来,总以为今天睡下去,明天依然能一觉醒来,看到太阳从东方升起。然而,我们确定自己有明天吗?我们保证自己能看到明天的太阳吗?当然,我们希望如此,我们愿意自己永远都有未来,但我们真的无法确定。有没有明天只有天知道。有时候人的生命是那样的神秘莫测,有时候人生是如此的无可奈何。正所谓"天有不测风云,人有旦夕祸福"。想想那些在地震、海啸中逝去的灵魂,那些在车祸、空难和沉船中陨落的生命,我们只能感叹生命是多么的脆弱和无常。谁都不知道自己有没有明天。人生自有它的必然性,也有它的偶然性。这无关悲观或乐观。所以,不要总把希望寄托到明天,只有今天、只有现在,才是最真实可靠的。人生价值就蕴涵在每个今天的行动中。我们应该在每一个今天的踏实努力中去一步一步地接近自己的理想,实现自我的价值,而不要像那只寓言中的寒号鸟一样,在对明天复明天的无限等待中,空耗掉宝贵的生命。做人,应该有理想、有希望,但是,做人首先要活在当下,理想与希望只有融入当下的生活,才能体现出它的意义与价值。

在浩瀚无际的宇宙面前，人生过程是短暂的，人生所能做的事情也是很有限的，学习、恋爱、就业、成家，一个个现实问题接踵而来，困扰我们，考验我们，有时甚至会压得我们喘不过气来。但是，就像天际的流星一样，人生的短暂和困顿并不能阻碍我们每一个人释放出绚烂无比的生命光芒，用瞬间的美丽照亮世界的永恒。我们要以热爱生命、达观智慧的人生信念和态度，做好当做之事，成就有为之人。不怕事儿小，只怕事儿坏。积小善可以成大善，积小惠可以成大德。如果我们是一滴水，就应该滋润一寸土地；如果我们是一线阳光，就应该照亮一分黑暗；如果我们是一颗螺丝钉，就应该坚守一丝不移。不论是属意于奔涌大海般波澜壮阔、气势恢宏的人生，抑或是钟情于潺潺溪流般清浅明澈、平淡从容的人生，不论生命是长还是短，只要燃烧了自己温暖了别人，没有腐朽，没有堕落，我们就不会虚度年华、一事无成。在人生展开的过程中，领悟人生的真谛，享受生活的洗礼，扩展生命的内涵，自成其天德，完满其自性，这是我们每一个人活着的使命与价值。

第六讲 人生艺术

    据《论语》记载,有一次,孔子站在江边上,望着浩浩荡荡奔腾而去的江水,发出了由衷的感叹:"逝者如斯夫,不舍昼夜。"是啊!光阴似箭,日月如梭,面对时间如眼前的江水一般日夜逝去,圣人也是人生苦短啊。想当年,我们年轻时都会觉得人生挺长,可是,就在眨眼之间,无知少年已经变成了齿落发白的老人。回首人生岁月,往事历历在目,可惜似水流年,一切皆已幻化为记忆深处的故事。记得曾经有学生问我:"老师,您对人生最深的感悟是什么?"我以四字作答:"人生如梦!"学生听了很惊讶,就说:"老师,您怎么也会这么想?是不是太悲了?"我笑了笑说:"不会啊,这跟悲观或乐观没有任何关系的。人生真的就像一场梦,眼睛一睁一闭就过去了。等你们也老了,自然就能体会到此言不虚呢。要紧的是,无论人生长短,千万不要做噩梦才好。倘若人之一生,噩梦连连,这人生就活得不值了。就算做梦,也要做美梦,才不枉人生一场啊!"年轻人能否听懂我的话,我不知道,但我相信,他迟早会懂的。有些人生道理与人生境界,经历不多、阅历尚浅的年轻人确实难以理解,须得活到一定份上方能领悟其中真谛。放眼人间，小时候人们都曾有过一颗天真烂漫的赤子之心，可到后来，很多人的心灵却在追求功名利禄的无尽奔忙中，渐渐被世俗风尘所遮蔽，陷于滚滚红尘难自拔，终至招来无妄之灾噩梦临头。有多少人能在残酷激烈、争先恐后的生存竞争之路上，偶尔停下脚步，等等自己跑丢的灵魂，清扫一下那颗覆满尘垢、疲惫不堪的心，静下来好好想一想："人之一生欲壑难填，千般劳累、万般辛苦，我们究竟想要什么样的生活、想让自己活成一个什么样子呢？"我想，如果人只是为了像动物一样的活着，那么只要供养好自己的肉体就万事大吉了。可是，如果我们想要活出一个人样来，作为一个真正意义上的人行走于天地之间，那就既要供养好自己的肉体，更要照顾好自己的灵魂；不但要活得有理想、有尊严、有意义、有价值，还要活得有趣味、有境界、有诗意、有美感，将人生演绎成一个自由美好的艺术化人生。这才是我们该做的人生美梦吧！

一、潇洒生活，诗意栖居

艺术是对美的追求，对现实的超越。艺术的灵魂是自由与创造。艺术不同于科学，科学是理性严谨的，艺术是浪漫灵动的；科学追求客观性、普遍性、共性，艺术追求主观性、独特性、个性。艺术是一种诉诸灵魂、诉诸情感，充满着浓厚的个体主观色彩的东西。

一方面，我们每个人都是一个具有自然与社会属性的客观存在物，都要受自然规律和社会规律的制约。所以，每个人的生活都应该科学而理性，尊重社会公共生活准则。另一方面，每个人又都是一个独立的、与众不同的个体，具有自己独特的心灵世界和主观意志。所以，每个人在其本质上又应该是独一无二的，具有按自我意志和个人情感展开艺术化人生的权利。从这个意义上说，生活本身就是一种艺术，人生就是人在整个生命过程中由自我创造的一个艺术品。

一个真正有意义有价值的人生，不会仅仅是满足于自己还活着，活得与所有人都一个样，更重要的是还期望自己活得与别人不一样，活得有趣有味，活得自在美好，活出一个具有精彩自我的别样人生。这种追求独具个性、自由生存、美好生活的态度就是人生艺术。或者说，人生艺术就是指人的生命过程的艺术化。需要特别说明的一点是，我们在这里讨论的"艺术"概念，并不是指的艺术的具体形式。不是说一个人会音乐、会美术、会舞蹈，他就有了人生艺术或者艺术化人生。我们讲的"人生艺术"是一个哲学概念，是在哲学的层面上，意指将人生艺术化或艺术化人生的一种人生态度与人生境界。

以艺术化的态度对待人生，人生便赋有了浪漫的艺术色彩；走进艺术化了的人生境界，人生会显得富有诗性和诗意。

那么什么样的人生算是艺术化的人生呢？它与一般的世俗化人生有什么区别？

中国传统文化认为，人生的高妙境界，是"物我两忘"、"天人合一"。"物我两忘"是"忘我"，"天人合一"是"无我"。我们看人生的各种矛盾，根子无非都在那个"我"字上。所谓世俗化人生，就是因为凡人太过执着于"我"，对于功名利禄及一切身外之物的追求，都是为了满足"我"的无限欲望，结果反而为物所役，使自己迷失了真正的"自我"。要知道，地球并非为"我"而转，人生也不可能真的万事都如"我"意，我们只是一个匆匆忙忙的红尘过客，带条命来，还条命去，赤条条来去无牵挂。所以，太过执着于"我"，人就会变得冥顽不灵，人生也会显得俗气熏天。所以，追求艺术化人生最根本的就是要破除对"我"的执着，破除"我"对物欲的贪婪，从层层剥除"我"的身外之物开始，最终只剩下庖丁解牛之自由、羽化蝴蝶之畅神、鲲鹏展翅之潇洒的人生韵致，从"忘我"走向"无我"的最高境界。能"忘我"而"无我"者，方能真正地活出"自我"。这样的高人，便是人生艺术大师。

人生艺术化充盈着人文关怀的本色。它以审美或艺术精神为根本价值取向，以美的艺术理想作为自己的审美尺度，把自由、率真、生动、圆满、和谐、创造等艺术精神与艺术品格融汇到人生境界和人格修养之中，将艺术的情趣和意境美化为对生命与人生的理想，着眼于生活的过程、着眼于生命的本身，不在意于结局、不刻意于所得，体现的是一种"采菊东篱下，悠然见南山"、"行至水穷处，坐看云起时"、"一蓑烟雨任平生，也无风雨也无晴"的生存智慧和生命情调。它对生命既满怀敬畏又激情四溢。它通过激活主体的创造才情，高扬主体的自由精神，在高洁情感与自由人格的涵养中，追求心灵的自由解放；摆脱人生世俗功利的种种羁绊，营造具有理想色彩的人生意境，追求超越世俗价值观念、充满个性生命情趣、自然洒脱天真无邪的生存状态。所以，我们讲人生艺术，绝不是一些人际关系学里所推崇的人生机巧、势利权谋类的东西，不是八面玲珑、左右逢源、藏头匿尾、圆滑世故，喜怒无形、城府很深那一套混世小手段。人生艺术讨论的是生命境界问题，是如何从物性向人性进而向神性境界超越的问题，是如何才能使自己的人生从混沌、冲突、被奴役和疲于奔命，走向澄明、平和、自主自由和圆融无碍的问题，是如何体验人生的崇高和不朽的问题。所以说，人生艺术推崇的是一种自然的真性情、高远的大境界、人生的大格局。真正的人生艺术，能把人生理想贯串于生活细节，把苦难挫折内化为生存智慧，把个人才情发挥得淋漓尽致，潇洒诗意地栖居在大地上，体验心灵的无限自由与幸福。

二、让生命充满灵性，让生活别样精彩

当今之世，随着全球化和消费社会的莅临，世俗化的实利主义和物欲化的消费主义泛滥成灾。理想主义和英雄主义时代正在成为历史的模糊背影，曾经的那些美好似乎只在人们的记忆深处留下了一点浅浅的残痕。不同社会阶层之间的关系日益疏离，人与人之间充满了算计和不信任。欲望物质化、文化庸俗化、精神侏儒化、生活病态化、人格畸形化、人生残缺化已经成为社会常态。人们的腰包慢慢鼓起来了，精神世界却迅速萎缩了。一幕幕可笑又可悲、可怜又可恨的人生荒诞剧，时不时地会在我们眼前上演。

人的生命与生活不应当只是富足的，而且还应当是美好的。美化生命是人生艺术化的真意。受西方现代唯美主义"生活艺术化"思潮和后现代"日常生活审美化"思潮的影响，当今我国社会有相当一部分人虽然也推崇生活的艺术化和审美化，但他们追求的只是新奇时尚、感性至上的外在生活，关注的只是浅层次的心理满足。他们沉沦于对生活形式、生活享受的奢靡趣味，扭曲的心灵中潜藏的是一种形式化与纯娱乐化的泛审美倾向。可惜，肉身的狂欢并不能提升内在的人生品位和人格情趣。于是，所谓的审美只剩下了感性愉悦，追求美感变成了追逐快感，美学盛宴异化成了审美快餐。伴随着一片貌似不凡的"审美"喧嚣，连原本残存于生活中的那一丝丝艺术之美也不免丧失殆尽，以至最终弥漫于社会和人生的是一股恶臭难闻的颓废庸俗气息。而这恰恰也是我们今天之所以要讲人生艺术的重要原因与现实背景。

人是理性的动物，人的生活自然要遵循理性的指导，臣服于

科学的魅力。但科学理性常常是严谨而刻板的。如果让科学理性主宰人生的一切,我们的生活状态就会变得枯燥而乏味,我们就会变成像从工业流水线上制作出来的产品一样,千人一面,毫无情趣。我们尊重科学、崇尚理性,但这不等于人的生命过程就应该是千篇一律、索然无趣的。我们都知道,事实上人并不是一种纯粹的理性动物,除了理性之外,人还具有非理性的、情感的一面。而正是非理性的、情感的因素,是人生艺术化的内在源泉。理性的生活让人循规蹈矩,不犯错误,但它未必能使人真正体验到人生的幸福感和美感;艺术地生活则让人自由自在、激情奔放,或轰轰烈烈、载欣载奔,或平和宁静、清新自然。人总是愿意以自己的激情去追求和创造一种有趣味的、诗意盎然的生活,从而使自己的生命变得多姿多彩、充满灵性。正是这种自由自主、富有艺术韵味的诗意化生存,能够改变我们刻板、平庸的生存状态,使人生充满生命活力,最大限度地体验到生发于内心世界那种强烈、深刻而持久的愉悦感和幸福感。从这个意义上说,艺术地生活胜于理性地生活。人生艺术化,能使我们看到人生别样的希望和风景:人性的涵养,人品的提升,人心的净化,人格的完善,个性的凸显,创造力的激活。

三、以出世之心,做入世之人

我们意识到,现实社会与现实生活总会有这样那样的问题和毛病,我们的人生也总会有这样那样的不如意。痛苦和无奈是人生图画中抹不去的灰暗色彩。在这样的生存状态下,愤世嫉俗没有用,消极逃避也没有用。只有人生艺术可以引领我们从灰暗的人生世界中走出来,发现生命与生活的幸福和美好,让我们寻觅与体验到人生的美感和诗意。一方面,我们可以在理想之光的照耀下,用我们坚定持久的行动,从一件一件的平凡小事做起,不惜以一己之力与强大的世俗力量进行不屈不挠的抗争,从而在努力推动社会进步的过程中,享受燃烧生命的激情和快乐。另一方面,面对现实生活的苦难与无奈,我们也可以转换视角,以另一种超脱的心态,借助于精神的力量,去发现生活中潜藏着的光明和美好,从而在看似平平淡淡甚至灰暗无光的日常生活中,演绎生命的浪漫和从容,绽放生活的梦想和美丽。从表面看起来,这是两种不同的生活态度,然而,就其本质而言,都是走向人生艺术化、生存诗意化的通途。

艺术化人生,诗意化生存,需要我们有一把斩断"我执"的慧剑,有一颗超凡脱俗的诗心。以慧剑削除我们心中对身外之物的贪婪之念,以诗心荡涤世俗生活的污浊丑陋,从而为自己开辟出一片意境高远的人生新天地。

首先,人要幸福地生活、诗意地生存,就要有超越物欲的理念。社会的多少罪恶,人生的多少悲剧,皆根源于人性的物化。无数的生活经验告诉我们,人生固然离不开物质生活,但沉湎于物质化的生活至多让人的感官感到满足,却未必能让人的心灵感到充实。例如某些富人或明星,表面上光鲜亮丽风度翩翩,私底下却穷奢极欲吸毒淫乱。论物质生活,他们是家财万贯丰裕阔绰,居有顶级别墅,行有香车宝马,食有山珍海味,赌则一掷万金,买起天价奢侈品连眼睛都不眨一下,不可谓不富矣,不可谓不豪矣。论精神世界,却是不知崇高理想为何物,不问人生价值值几何,腹无诗书胸无点墨,灵魂空虚思想颓废,无所信仰无所寄托,不可谓不穷矣,不可谓不困矣。他们自恃有钱有闲,爱用荒诞不经的行为来炫耀,以荒淫无度的生活为时尚,靠肉体感官的刺激与满足来麻醉自己的灵魂,并深陷其中不可自拔。物质富足而精神贫困之人,越是满身披金戴银,越是感觉俗不可耐。他们的一生就是为了钱而活,围着钱在转,说到底就是一个地地道道的金钱的奴隶,再富也是财主,再豪也是土豪。虽然土豪的世界我们看不懂,他们的许多行为超越我们的常识,让人感觉不可思议、不可理喻,但是,有一点我们看得很清楚:财富离他们很近,幸福离他们很远。因为,真正幸福的生活,单靠金钱是建立不起来的,只有将高尚的精神生活融入物质生活,将两者和谐地统一于一身,才能使我们的生活变得更为幸福、更有诗意。

黄金白银并非万能圣灵,它也许可以换来物欲享受,却未必能换来宝贵的知识、安详的心境、高雅的气质和灵动的智慧。现代生态哲学认为,人对物质的依赖越少,人的精神自由度就越大,人的幸福感也越强。穷奢极欲的生活,只能带来肉体的快感,却无法体验到心灵的美感,到头来只会把人变成物欲的奴隶而失去人性的善良与美好。相反,富贵之极而归于宁静淡泊,适当放弃人生物欲之"累",清其心、寡其欲,简单朴素地生活,以至欢喜愉悦地进入一切放下、一切忘却的澄明之境,才是极高的人生艺术境界。生活越接近于平淡,内心越接近于绚烂。这叫返璞归真,是古今圣贤努力践行的独特的生命超越方式。这样的诗化人生至善至美,可惜世上能悟透这个道理的人不多,能躬行的人就更少了。

其次,人要幸福地生活、诗意地生存,就要有直面人生的勇气。人生难免会有艰难困苦。能够直面人生苦难,需要一种高贵的生命勇气。转变心态,化苦为乐,更是一种非凡的人生艺术。在有的人看来,人生就是一片无边的苦海。面对无边苦海,我们又当如何?借用佛学的一句话来说,叫作"苦海无边,回头是岸"。这个"回头",不是回避,而是转换视角、转变心态。只要换一个心态,我们在世俗生活中,不以物喜,不以己悲,安时处顺,恬淡寡欲,将生活中朴素的精神快乐作为生命境界的极致,生活中的种种苦难就会变成人生历程中的成长阶梯,人生苦水就会转化为甜美的琼浆。我们的生命意志不但不会在世俗生活的苦难中沉沦,反而会使它变得更加坚毅和强大。有一个好的心态,就会有一个好的人生。把怀念留在昨天,把功夫下在今天,把希望寄在明天。昨天再好,已经走不回去;今天再难,也会成为昨天;明天再美,先要过好今天。今天是最真实的,直面人生首先就要直面今天。苦也好,甜也好,酸甜苦辣各有其味;难也好,易也好,过了今天皆成往事。所以,好好利用今天的一切机会,积极地去从事有意义的活动,借以充实生命、扩展自我价值,其实就是在享受人生种种。难道不是么?人生最大的苦难莫过于精神生命的痛苦和不愉快。面对人生苦难,愁眉苦脸是一辈子,开开心心也是一辈子。人生本就短促,我们为什么要让自己沉溺于痛苦而不可自拔呢?既然上苍有好生之德,允许我们来人世间走一回,我们为什么不好好地珍惜自然与社会赐予我们的每一次生存机遇和挑战,高高兴兴地学会享受人生百态、细品人生百味呢?人生有宠也有辱,我若宠辱不惊,宠又如何?辱又如何?人品有人知有人不知,我能"人不知而不愠",知又怎的?不知又怎的?如此一想,纵有百苦,又何苦之有?再则,世俗人生恰如一部精彩的多幕剧,固然有高潮,也会有低潮。在低潮时,我们要自尊、自信、自强,不怨、不怒、不卑,坚守节操,泰然自若;在高潮时,我们要自谦、自重、自持,不骄、不躁、不亢,心平气和、虚怀若谷。人生若水,少年时如山间小溪,清澈纯洁,叮咚如歌;青年时如长江黄河,激昂豪迈,一泻千里;中年时如镜明之湖,蔚蓝宁静,波澜不惊;老年时如无边海洋,博大深沉,宽容为怀。人之一生,经历了波涛汹涌的澎湃,穿越了世俗人间的浮华,阅尽了千山万水的沧桑,终而回归"很傻很天真"的简单,何尝不是一种诗意的艺术化人生?

再次,人要幸福地生活、诗意地生存,要有高尚超拔的人格。这样的人格将真善美融为一体,铸造成生命的至高境界。它宛如一件精美的艺术品,让人欣赏甚至仰慕。这样的人格以"真"

为基础,以"善"为动力,以"美"为目标,将严肃的生活态度、丰富的生活情趣、超脱的生活意境巧妙地统一起来,把握人生之大节,在意生活之细节,于世俗生活中尽情挥洒出本色而诗意的生活画卷。宋代文学家苏轼是一位深谙人生艺术和诗意生存的古代文人。当他偕友人驾一叶扁舟,面对浩渺天地的崇高之美时,先是慨叹自身之渺小与浮生之短促,同时钦羡自然之永存:"哀吾生之须臾,羡长江之无穷"。意思是说,我为自己的生命是如此之短促而深感悲哀,多么羡慕这浩荡东去永无穷尽的长江之水啊!然而,他并未止步于哀叹和钦羡,而是进一步高扬人格精神,迸发出热烈追求与天地共存、与日月同辉的人生豪气:"挟飞仙以遨游,抱明月而长终"。这里面蕴含的是一种怎样的人格境界啊!洒脱、大度、优雅、美丽、高贵、善良、纯真,充满激情,追求真我,对命运达观,对生活乐观,对名利淡泊,对生死超然!有了这样的人格境界,生命虽渺小却升华为崇高,生命虽有限却化入了永恒。此乃艺术化人生之大美境界矣!人生有"大美",则能"独与天地精神往来",其所追求的,即是从具体事物的感性美中悟出天地精神,超越时空,于瞬间悟及永恒,从有限见到无限,使某种永在的精神与宇宙大生命浩然同流。

人生要有大气度,也要在意小细节。生活细节也透着一种高明的人生艺术。美的人生不应当是粗鄙的,而应当是有教养的。教养就在我们的生活细节之中。例如,待人接物有礼貌,和人相处有分寸,别人为我们服务时说声"谢谢",与人告别时道声"再见",人有困难时伸手扶他一把,狭路相遇时让人先行一步,说话不要盛气凌人,行路要守交通规则,平静时保持微笑,危难时保持冷静等等。这都是细节,也是每个人都很容易就能做到的。但我们真的都做到了吗?没做到就是教养还不够好。什么是教养?教养就是一种对别人的体谅和宽容,就是给人方便、不给人添麻烦,不让别人因为自己而感到不舒服。经验告诉我们,与人方便就是与己方便，给人添麻烦就是为自己找麻烦。教养与财富、地位、名望无关，只与我们的精神世界有关。飞机豪华的头等舱里也会碰到没有教养的富贵者，偏僻乡村的田头地角也能遇到很有教养的庄稼汉。做人可以不富裕，也可以不漂亮，但必须有教养。人有教养方能得人尊重、受人欢迎。因为，有教养的人，是优雅而温婉的、谦逊而高贵的、自尊而得体的；有教养的人生，洋溢着动人的诗性与热情，能把人性最尊严、最美好的东西像花朵一样绽放在人面前。因此，做人要有教养，内蕴的是厚道善良的人生智慧，展示的是魅力四射的人生艺术。

第四，人要幸福地生活、诗意地生存，要有超越世俗的精神。超越世俗的精神也叫出世精神。这种出世精神并不是对现实世俗生活的逃避，而是一种超越世俗观念与习惯的心态。世俗社会，最重功名利禄金钱美女，做人都想出人头地光宗耀祖，做事皆要算计利益推论输赢，即便如读书之雅事，也要许之以"优则仕"、"黄金屋"、"颜如玉"方显价值。至于人生在世成功与否，亦全以此等身外之物衡量论定。尘世喧嚣，功利诱人，世俗之人修养定力稍有不足，难免心旌摇动心向往之。千百年来，时移境迁，但这些东西世代相传，早已深入人们的灵魂与骨髓。然而，对于有思想境界、有精神追求的人来说，世俗观念的沉重压迫不免使人感到身心俱疲不胜其烦。我们意识到，人为身外之物而活着，实乃人生之大不幸。人的生命不应为其所羁绊，而应突破俗套，以出世之心，去寻求另外一种更自由、更精彩、更有意义、更有价值的人生。这里所说的出世之心，并非要人们远离红尘。逃避现实生活，背叛信仰使命，绝非君子所为。既然我们来到了人间，无论幸与不幸，总得有所担当才是。所以，我们应取的态度不是遗弃世俗，而是立身世俗而又超越世俗，以出世之心成入世之业、做入世之人。也就是说，我们身为世俗之人，同食人间烟火，但我们的心不应流于世俗，为世俗观念所污染和绑架，而应该"出淤泥而不染,濯清涟而不妖"。我们应当努力摆脱物欲至上的拜金主义和以自我为中心的利己主义,在追求丰富的物质生活的同时,追求崇高的精神生活;在关注自身利益的同时,更好地为人民服务。有了这样的出世与入世精神,我们就能真正超越世俗成见,仰望星空而脚踏实地,怀抱大志又平实做人;不会再受世俗观念之累,以贫富定身价,以成败论英雄;就能愿做孺子牛耕田,不为五斗米折腰,在自我的心灵与庸俗的世俗社会之间,清醒地保持适当距离和适度张力,从而做到进退有据、取舍有道。如此,我们的精气神就会与众不同,我们的人生也会因为卸去了物质枷锁、荡涤了污浊俗气、得到了精神自由而轻松自在灵动鲜活起来,从而以悠然洒脱、淡泊宁静的人生态度,进入不慕荣利而超凡脱俗的生命境界,在更高的层次上成就世俗事业,享受世俗生活。

美国著名的摄影记者罗伯特·卡帕曾经说过一句很有启示意义的话:"像蚂蚁一样工作,像蝴蝶一样生活。"作为世俗之人,我们不应把人生看成一次毫无意义的旅行,也无须把人生变成一场没完没了的苦役,而是既要像蚂蚁那样勤勤恳恳地努力工作,又要像蝴蝶那样潇洒自如地享受生活。我们看那蝴蝶,多像一群美丽的精灵,轻盈优雅地徜徉在花海间,一路舞蹈,一路采撷,慢慢地飞,细细地赏,做着自己最喜欢做的事,用最美的姿态寻找最美的花朵,活得那么诗意浪漫、多姿多彩,有香有味、有声有色,尽情享受大自然恩赐的一切美好。倘若我们既能像蚂蚁一样地工作,又能像蝴蝶一般地生活,便是极美的艺术化人生了!

最后,人要幸福地生活、诗意地生存,要有超越生死的智慧。人说"生死之外无大事"。此话说明,生命与死亡在人们心目当中具有无可比拟的地位与分量。生,人之所欲也;死,人之所恶也。好生恶死,乃人之常情。古今中外,希望自己长生不老做神仙的大有人在。为了长生久视，他们枉费了多少心机。然而，死神却不依不饶、毫不留情，该来的时候总是不请自来。因此，对人而言，死亡似乎是一件既神秘又恐惧而且很无奈的事情。如果我们不能撕破死亡面纱、看破生死关头、超越生死局限，人生就会始终处在死亡意识阴影的笼罩中，我们就无法登上生命的制高点，高扬生命的自由意志，激活生命的内在潜力，焕发生命的无限光彩。

随着岁月流逝，在我们的亲朋好友中间不断会有人老去。每当在低沉悲凉的哀乐声和亲人们伤心欲绝的哭泣声中，亲眼看着原本生龙活虎的熟悉身躯被缓缓送进焚化炉，顷刻之间变为一缕青烟、几许尘埃，除了悲伤之外，心中难免生出无限感慨："逝者音容宛在，此去永住天堂。"我们每天都能看到，一边是医院产房里有新的生命呱呱坠地，一边是通往天堂的路上逝者络绎不绝。这种生生死死的场面，看多了，也就看透了；想多了，自然也想通了。新陈代谢，有始有终，实乃生命之根本规律，人又岂能例外？凡人皆有生老病死，人之出生，便是死亡的开始；人之死亡，只是生命的终结。虽然我们中国传统文化向来比较忌讳死亡话题，很多人对死亡怀有一种惶恐不安的复杂情绪，所以，很少有人喜欢大张旗鼓地公开谈论与死亡相关的事情。但是，我们的祖先非常有智慧，对此自有一套很巧妙的观念与说辞。他们认为，人之新生是添丁加口，当然可喜；人之死亡是投胎转世，同样可喜。结婚生子是"红喜"，死亡老去是"白喜"。两者虽性质不同，却等量齐观，"红喜""白喜"反正都是"喜"。所以，我们中国老百姓对于生生死死的迎来送往，或笑或哭，或吹或打，都要弄得热热闹闹、风风光光的。这样一套观念和做法，内蕴着一个很有意思的道理：生死对于个体来讲是一件天大之事，对于世世代代的人类而言只是一件平常之事。无论生死，当笑则笑，当哭则哭，笑完哭完，该干什么还干什么。我们讲了这么多关于人生哲学智慧的问题，归根结底其实就是两句话：一是珍惜生命，善待人生，以敬畏心待之；二是向死而生，视死如归，以平常心待之。如果要问人生的最高智慧是什么？我想，人生的最高智慧莫过于在精神上超越生死、向死而生。所谓超越生死、向死而生，就是在深切认知死亡必然性的同时，从有限的生命过程中去寻找出人生无限的意义，勇敢面对人生的所有艰难困苦，尽情享受人生的一切情趣韵味，不惧生亦不惧死，坦然潇洒地走完自己的人生之路。

死亡虽然意味着生命的终结，但死亡意识却可以反过来深化与拓展我们的生命意识。当真正理解了生命与死亡的关系之后，我们就会更加珍爱有限的生命，让生命之花开得更加绚烂，让人生变得更有深度与厚度。本来，世俗的人生就像一个晦暗不明的舞台，人们埋头其中终日忙碌，几不知自己究竟为何人。而死亡意识，犹如为我们打开了一盏高悬在人生舞台上方的聚光灯，使得原本晦暗不明的生命真相和人生实况，赤裸裸地暴露在我们的眼皮底下，从而对一直沉浮于世俗洪流而不自知的芸芸众生，敲响了反思自省的警钟。死亡可以让我们本已迷糊混沌的心智变得清朗澄明起来，促使我们重新思考既有的人生价值观，真诚地追问生命的终极意义，进而悟得人生的真谛，最终义无反顾地抛弃世俗社会中充满虚伪、无聊、罪恶和荒诞的一切，再次回归生命的本真状态。

透过死亡的帷幕，我们比任何时候都能无畏地正视自己真实的生命状态，清晰地看到自己的人生真相：我们的生命，有时就像浩瀚宇宙中的一颗小星星，虽有光芒却毫不起眼；有时更像一弯冷月，孤独清寂地越过柳梢头，悄然隐入黝黑的山峰后。我们是根草，绿了，会枯；我们是朵花，开了，会谢。我们不是神，活不了亿万年；我们不是太阳，没有耀眼的光芒。但是，我们来过。在因缘和合中，我们有幸到人世间来走一趟，与有缘人相会，与有情人相聚,该做的我们都努力了,该留的我们都留下了。赤条条地来,赤条条地走。看繁花开尽,观落英无悔。当人生真相大白后,就算真的死神驾临,我们也能以超越自我、超越生死的大智慧,从精神上战胜死亡恐惧,以平和宁静、清明圣洁的心境与自然合一,在生死之际成就一段从容安详的诗意人生。

后　记

　　自参加工作以来，本人一直主要从事教育教学的管理工作，真正能够用在教学和研究方面的时间和精力非常有限。加之本人偏爱读书却不喜写作，所以，临到退休，回头清点一下，属于自己的文字寥寥无几，更没有什么拿得出手的压卷之作，大多不过应景文章，登不了大雅之堂。虽说本人学的是哲学专业，教的是哲学课程，写的也是哲学文章，几十年来与哲学结下了不解之缘，即便号称自己的人生就是一个"哲学人生"，似乎也不为过，只是由于天资鲁钝、不聪不颖，又不曾刺股悬梁、勇猛精进，故致三十余年波澜不兴、了无成就，怎么看也不像一个有智慧的人。如此这般，居然大言不惭，敢在众人面前高谈阔论人生智慧，扪心自问，自己是否真的有足够的智慧来谈论人生智慧？细想之下，甚觉惶恐。然而，反过来再一想，自己出身贫寒，经历颇丰，工农兵学商都干过，小学中学大学都教过（1982 年至 1998 年在中共衢州市委党校做了 16 年的理论教育工作），五湖四海都走过，酸甜苦辣人生百味也都曾细细品尝过，如今已是年过花甲，功名远去，与更多的年轻人谈谈人生，分享一些人生经验和人生领悟,好像也算说得过去。况且,此书也许就是本人职业生涯的封笔之作,无论好坏,也算是对自己"哲学人生"的一个最终交代吧。由此,心里也就有了些许坦然,不再顾忌那么多了。

　　此书篇幅不长,写作时间却不短,从动笔到定稿,断断续续,前前后后,少说也有六七年。其间,自己为了一个字、一句话,挠破头皮,绞尽脑汁,茶饭不香,夜不能寐,也是常有的事。所以,书虽不厚,功未少做,其中心血,唯有自知。不过,这些事情不值一提,因为统统都是自找的,再苦再累,心甘情愿,无话可说。倒是与我一起走过这段岁月,为我、为《人生哲学智慧》这门课程的建设、也为这本小书的写作与出版,做了很多事情的那些人,我应当借此机会,向他们表示我的感恩之心。如果没有他们的鼓励与支持,就不会有这本书的出版问世。我首先要感谢的是衢州学院的领导、教务处的领导以及学校教学委员会的专家,是他们把这门《人生哲学智慧》课程,优先选定为校级视频公开课,并给以最早的建设资助经费,从而为这门课程的建设打下了一个良好的基础;我还要感谢中共浙江省委教育工委和省教育厅宣教处的领导与评审专家们,因他们的慧心与抬爱,这门课程才有幸成为浙江省高校德育精品选修课,获得了教育厅资助的课程建设经费和学校的相关配套经费,从而为本门课程的精品化建设创造了很好的政策环境和物质条件,也使本书的出版经费有了可靠的保障;我还应该感谢衢州学院社会科学部的各位同仁,特别是梅记周博士、张立平博士和胡斌博士,在该课程的建设和本书的写作过程中,给予了很多的关心与帮助;还有,我应该特别感谢的是选修了这门课程的大学生们,在几年来的教学过程中,与他们这些年轻人的思想交流,给了我很多的启发与灵感,因此而使本书增色不少。当然,我最应该感恩的还是我的父母和我的夫人。父母从小对我的人格教育,深刻地影响了我的一生。我现在的很多思想观念,回忆起来,其实最初都是源自于他们的教导。再说，没有父母的含辛茹苦、耳提面命，就不会有我后来的事业与生活。父母给了我生命，也塑造了我的人格。现在我的父母都还在，我敬祝他们健康长寿！我的夫人则一直在生活上给了我无微不至的关心和照顾，她几乎包揽了家里所有的家务，使我能够安心于教学和写作。最后，我必须感谢浙江大学出版社的资深编辑曾建林先生，他为本书的出版做了很多辛苦而有价值的工作，使本书得以顺利出版。杭州大学是我的母校，后来并入了现在的浙江大学。浙江大学出版社与原杭州大学出版社有血缘关系。虽然杭州大学因为历史的原因如今已经不在了，但母校的校园犹在，母校的出版社犹在，学子的情感寄托也就依然在。母校培养了我，引领我走上了"哲学人生"之路，我对母校的感情难以言表。所以，从我出版第一本著作开始，心里就已暗暗打定主意，以后不管我有多少作品，一定只在自己的母校出版社出版，以表自己对母校的感恩之情。虽然我的作品不多（这是第五本公开出版的著作，如前所述，也许还是我此生最后一本公开出版的著作），但我践行了当初自己许给自己的诺言。谢谢母校的出版社！

　　是为后记。

二○一五年初夏于衢江之畔

张伟胜